精品蔬菜生产技术丛书

葱蒜类精品蔬菜

（第二版）

王建军　张仕林　陈沁滨　编著

江苏凤凰科学技术出版社 · 南京

图书在版编目（CIP）数据

葱蒜类精品蔬菜 / 王建军等编著. -- 2版. -- 南京 : 江苏凤凰科学技术出版社, 2025. 7. -- (精品蔬菜生产技术丛书). -- ISBN 978-7-5713-5250-9

Ⅰ. S633

中国国家版本馆CIP数据核字第2025XB1210号

精品蔬菜生产技术丛书

葱蒜类精品蔬菜

编　　著	王建军　张仕林　陈沁滨
责任编辑	沈燕燕　盛　华
责任校对	仲　敏
责任监制	刘文洋
责任设计	徐　慧

出版发行	江苏凤凰科学技术出版社
出版社地址	南京市湖南路1号A楼，邮编：210009
出版社网址	http://www.pspress.cn
照　　排	江苏凤凰制版有限公司
印　　刷	南京新世纪联盟印务有限公司

开　　本	880 mm × 1 260 mm　1/32
印　　张	6.5
字　　数	145 000
版　　次	2025年7月第2版
印　　次	2025年7月第1次印刷

标准书号	ISBN 978-7-5713-5250-9
定　　价	40.00元

致读者

社会主义的根本任务是发展生产力，而社会生产力的发展必须依靠科学技术。当今世界已进入新科技革命的时代，科学技术的进步已成为经济发展、社会进步和国家富强的决定因素，也是实现我国社会主义现代化的关键。

科技出版工作肩负着促进科技进步，推动科学技术转化为生产力的历史使命。为了更好地贯彻党中央提出的“把经济建设转到依靠科技进步和提高劳动者素质的轨道上来”的战略决策，进一步落实中共江苏省委、江苏省人民政府作出的“科教兴省”的决定，江苏凤凰科学技术出版社有限公司(原江苏科学技术出版社)于1988年倡议筹建江苏省科技著作出版基金。在江苏省人民政府、江苏省委宣传部、江苏省科学技术厅(原江苏省科学技术委员会)、江苏省新闻出版局负责同志和有关单位的大力支持下，经江苏省人民政府批准，由江苏省科学技术厅(原江苏省科学技术委员会)、凤凰出版传媒集团(原江苏省出版总社)和江苏凤凰科学技术出版社有限公司(原江苏科学技术出版社)共同筹集,于1990年正式建立了“江苏省金陵科技著作出版基金”，用于资助自然科学范围内符合条件的优秀科技著作的出版。

我们希望江苏省金陵科技著作出版基金的持续运作,能为优秀科技著作在江苏省及时出版创造条件，并通过出版工作这一平台，落实“科教兴省”战略，充分发挥科学技术作为第一生产力的作用，为全面建成更高水平的小康社会、为江苏的“两个率先”宏伟目标早日实现，促进科技出版事业的发展，促进经济社会的进步与繁荣做出贡献。建立出版基金是社会主义出版工作在改革发展中新的发展机制和新的模式，期待得到各方面的热情扶持，更希望通过多种途径不断扩大。我们也将在实践中不断总结经验，使基金工作逐步完善，让更多优秀科技著作的出版能得到基金的支持和帮助。这批获得江苏省金陵科技著作出版基金资助的科技著作，还得到了参加项目评审工作的专家、学者的大力支持。对他们的辛勤工作，在此一并表示衷心感谢！

江苏省金陵科技著作出版基金管理委员会

“精品蔬菜生产技术丛书”编委会

第一版

主　　任　侯喜林　吴志行

编　　委（各书第一作者，以姓氏笔画为序）

刘卫东　吴志行　张建文　陈沁斌

陈国元　易金鑫　周黎丽　侯喜林

顾峻德　鲍忠洲　潘跃平

第二版

主　　任　侯喜林　吴　震

编　　委（各书第一作者，以姓氏笔画为序）

马志虎　王建军　孙菲菲　吴　震

陈国元　赵统敏　柳李旺　侯喜林

章　泳　缪旻珉　戴忠良

序

（第一版）

蔬菜是人们日常生活中不可缺少的副食品。随着生活质量的不断提高及健康意识的增强，人们对“无公害蔬菜”“绿色蔬菜”“有机蔬菜”需求迫切，这极大地促进了我国蔬菜产业的迅速发展。2002年，全国蔬菜播种面积达1 970万公顷，总产量60 331万吨，人均年占有量480千克，是世界人均年占有量的3倍多；蔬菜总产值在种植业中仅次于粮食，位居第二，年出口创汇26.3亿美元。蔬菜已经成为农民致富、农业增收、农产品创汇中的支柱产业。

今后发展蔬菜生产的重要方向在于发展外贸型蔬菜，参与国际竞争。因此，蔬菜生产必须增加花色品种，提高蔬菜品质，重视蔬菜生产中的安全卫生标准，发展蔬菜贮藏、加工、包装、运输。以企业为龙头，发展精品蔬菜，以适应外贸出口及国内市场竞争的需要。

为了适应农业产业结构的调整，发展精品蔬菜，并提高蔬菜质量，南京农业大学和江苏科学技术出版社共同组织南京农业大学园艺学院、江苏省农业科学院、南京市农林局、南京市蔬菜科学研究所、金陵科技学院、苏州农业职业技术学院、苏州市蔬菜研究所、常州市蔬菜研究所、连云港市蔬菜研究所等单位的专家、教授编写了“精品蔬菜生产技术丛书”。本丛书共11册，收录了100多种品质优良、营养丰富、附加值高的名特优新蔬菜品种，介绍了优质、高产、高效、安全生产关键技术。本丛书深入浅出，通俗易懂，指导性、实用性强，既可以作为农村科技人员的培训教材，也是一套有价值的教学参考书，更是广大基层蔬菜技术推广人员和菜农的生产实践指南。

侯喜林

2004年8月

序

（第二版）

蔬菜是人们膳食结构中极为重要的组成部分，中国人尤其喜食新鲜蔬菜。从营养学的角度看，蔬菜的营养功能主要是供给人体所必需的多种维生素、膳食纤维、矿物质、酶以及一部分热能和蛋白质，还能帮助消化、改善血液循环等。蔬菜还有一项重要的功能是调节人体酸碱平衡、增强机体免疫力，这一功能是其他食物难以替代的。健康人的体液应该呈弱碱性，pH值为7.35~7.45。蔬菜，尤其是绿叶蔬菜都属于碱性食物，可以中和人体内大量的酸性食物，如肉类、淀粉类食物。建议成人每天食用优质蔬菜300克以上。

我国既是蔬菜生产大国，又是蔬菜消费大国，蔬菜的种植面积和产量均呈上升态势。2021年，我国蔬菜种植面积约3.28亿亩，产量约7.67亿吨。当今人们对健康生活愈发重视，对于绿色、有机蔬菜的需求与日俱增，蔬菜在保障市场供应、促进农业结构调整、优化居民饮食结构、增加农民收入、提高人民生活水平等方面发挥了重要作用。

蔬菜生产是保障蔬菜市场稳定供应的基础。具有规模蔬菜种植基地的家庭农场（含个体生产经营者）、农民专业合作社、生产经营企业等，是蔬菜生产的基本单元，也是蔬菜产业的基础和源头。蔬菜生产必须增加花色品种，提高蔬菜品质，注重生产过程中的安全卫生标准，推进蔬菜贮运加工环节的技术进步和管理水平提升。在优势产区和大中城市郊区，要重点加强菜地基础设施建设，着重于品种选育、集约化育苗、田头预冷等关键环节，加大科技创新和推广力度，健全生产信息监测体系，壮大农民专业合作组织，促进蔬菜生产发展，提高综合生产能力。

“精品蔬菜生产技术丛书”自2004年12月出版以来，深受市场欢迎，历经多次重印，荣获教育部高等学校科学研究优秀成果奖科学技术进步奖(科普类)二等奖。为了适应农业产业结构的调整，发展精品蔬菜，并提高蔬菜产品质量，满足广大读者需求，南京农业大学和江苏凤凰科学技术出版社共同组织江苏省农业科学院、南京市蔬菜科学研究所、苏州农业职业技术学院等单位的专家对“精品蔬菜生产技术丛书”进行再版。丛书第二版共11册，收录了100多种品质优良、营养丰富、附加值高的名特优新蔬菜品种，介绍了优质、高产、高效、安全生产关键技术。本丛书语言简明通俗，兼具实用性和指导性，既可以作为农村科技人员的培训教材，也是一套有价值的教学参考书，更是广大基层蔬菜技术推广人员和菜农的生产实践指南。

农业农村部华东地区园艺作物生物学与种质创制重点实验室主任

园艺作物种质创新与利用教育部工程研究中心主任

南京农业大学“钟山学者计划”特聘教授、博士生导师

蔬菜学国家重点学科带头人

侯喜林

2022年10月

前　言

百合科（Liliaceae）葱属（*Allium*）大多为多年生草本植物，在全球广泛分布，共约850种，葱属蔬菜多以嫩叶、假茎、鳞茎或花薹为食用器官的二年生或多年生草本植物，常见的有洋葱（*A. cepa* L.）、大葱（*A. fistulosum* L.）、大蒜（*A. sativum* L.）、韭菜（*A. tuberosum* Rottler. ex Spreng）、韭葱（*A. porrum* L.）、细香葱（*A. schoenoprasum* L.）、藠头（*A. chinense* G. Don）等种类。在国外，葱蒜类蔬菜以洋葱、大蒜、韭葱最为普遍；在中国，以大葱、韭菜、大蒜、洋葱栽培最为广泛，已形成规模化种植。

葱蒜类蔬菜产品器官形态多样，同一种类在不同季节、不同时期或不同器官形态往往具有不同的产品可供食用。如大蒜有蒜苗、蒜薹、蒜头、蒜黄等产品形态；韭菜有青韭、韭黄、韭薹等产品形态；大葱有青葱、大葱等产品形态。因而，葱蒜类蔬菜的栽培和收获方式灵活，加之许多产品又很耐贮藏，还可加工成盐渍、糖渍、醋渍、糖醋渍或脱水蔬菜，使葱蒜类蔬菜成为我国人民十分喜欢的香辛类蔬菜，在蔬菜周年生产和供应中起重要作用，也是我国出口创汇的蔬菜种类之一。

葱蒜类蔬菜不仅含有丰富的维生素、氨基酸、矿物质等营养成分，还因为其独特的杀菌、抗癌等药用功能，被誉为重要的天然保健食品，备受许多人喜爱。比如，洋葱中含有的硫化物具有较好的降糖作用，糖尿病患者可常食用。此外，洋葱对降低胆固醇有一定的帮助，可提高高脂血症、脂肪肝患者体内纤维蛋白溶解酶的活性，并能防止α-脂肪蛋白的下降，从而可减慢或防止动脉粥样硬化的形成。大蒜具有广谱杀菌的作用，对心血管系统有保健作用，能抑制胃内硝酸盐还原菌的生长，降低胃液中亚硝酸盐的含量，阻断亚硝酸铵的合成，因而具有预防胃癌的作用。实验还证明，大蒜能直接破坏癌细胞遗传物质的载体——染色体结构，引起癌细胞死亡，因此大蒜对结肠癌、膀胱癌、皮肤癌、乳腺癌、肝癌及多种实体瘤均有不同程度的抑制功能。目前，大蒜已经成为国际上公认的抗癌食品之一。大蒜还能激活人体巨噬细胞的功能，增强人体免疫力，具有抗病健体作用。因此葱蒜类蔬菜越来越受到人类的青睐。

本书主要介绍洋葱、大蒜、大葱、薹韭、韭葱、细香葱及藠头等7种主要葱蒜类蔬菜的优良栽培品种、无公害栽培技术、产品贮藏与加工技术以及病虫害综合防治技术等。提升葱蒜类蔬菜生产效益的关键在于选用良种，采取绿色高效的栽培管理措施，从而提高产品内在品质，打造精品。

本书凝聚了作者多年从事葱蒜类蔬菜研究和生产的实践经验，并结合最新科研成果与相关资料编撰而成。为满足不同读者的需求，各章节内容相对独立，自成体系，便于根据需要选择性阅读。本书是广大菜农、基层农业技术人员和农业院校师生实用的参考用书。

限于作者水平，书中难免存在疏漏与不足之处，恳请广大读者批评指正！

王建军

2024年12月

目　录

一、洋葱

洋葱是典型的二年生植物，原产于中亚地区，在世界范围内广泛种植，主要栽培国家有中国、印度、美国、埃及、伊朗和土耳其等。很多国家将洋葱作为一种极其重要的蔬菜，印度甚至把洋葱上升到战略作物。印度、日本和美国，洋葱每年人均消费量分别为 13.5 千克、10.2 千克和 9.6 千克，而伊朗、乌克兰和土耳其年人均消费量更是超过了 20 千克，特别是塔吉克斯坦，每年人均消费量达到 35 千克以上。随着消费能力的提高以及消费者对更健康、更营养的饮食追求，洋葱的消费量也持续增加。我国有近百年的洋葱栽培历史，是洋葱种植大国，主要栽培地区包括华北、东北、华中、西北和西南等，栽培面积及产量均占全球的 30% 以上。

洋葱以肥大的肉质鳞茎为产品，营养很丰富，每 100 克新鲜鳞茎中含蛋白质 1.8 克，碳水化合物 8 克，粗纤维 0.22 克，维生素 C 8 毫克，钙 16 毫克，铁 0.72 毫克，磷 20 毫克，热量 65.27 千焦。洋葱质地细密，具有特殊葱香味，生食、熟食皆可，有增进食欲、开胃消食的功效，又是解腥调味的佳品。此外，洋葱还是很好的保健食品，常食洋葱，可以开胃消食、增进食欲、通乳、利尿、改善便秘，并对缓解心血管类疾病、糖尿病和支气管哮喘有帮助。洋葱还能提高血红细胞中过氧化物歧化酶（SOD）的活性，消除体内自由基，起到防氧化、抗衰老的作用。洋葱中含有多种硫化物，甲基、丙基、烯丙基硫化物都是天然的广谱杀菌剂。常食用洋葱可以激发免疫能力，促进吞噬细胞吞噬肿瘤细胞，并能促进人体产生一种抗瘤干扰素，一定程度上阻止癌细胞的扩散。洋葱除了鲜食，还可以加工成洋葱粉、洋葱酱、洋葱油、脱水洋葱和洋葱汁等。

（一）形态特征

1. 根

洋葱的胚根入土后不久便萎缩，因而没有主根，其根为弦线状须根，无根毛，着生于短缩茎盘的基部，主要根系入土深度和横展直径均为 30 ~ 40 厘米。根系耐旱性弱，水肥吸收能力不强。生育初期，根系的扩展较为缓慢。在我国中日照秋栽地区，根系 1—2 月份缓慢生长，从 3 月下旬起根部生长比较活跃，4 月份达到最高峰，5 月根系生长开始衰退，后期生长速度缓慢，到收获前趋于停滞状态。洋葱根系的生长与地上部的生长具有一定的相关性，根系的强弱直接影响茎叶的生长和鳞茎的膨大。在叶部进入旺盛生长期之前，首先出现的是发根盛期。所以，在高产栽培中要注意促根和发棵的关系。

2. 茎

洋葱无典型的茎，在营养生长时期，茎短缩形成扁圆形的圆锥体——鳞茎盘（图 1–1）。茎盘上部环生圆筒形的叶鞘和芽，下面着生须根。成熟鳞茎的茎盘组织干缩硬化，能阻止水分进入鳞茎，因此茎盘可控制根的过早生长或鳞茎过早萌发。在生殖生长期间，生长锥分化为花芽，抽生花薹。花薹筒状中空，中部膨大，顶端形成伞形花序，开花结实。顶生洋葱，由于花器退化，在总苞中形成气生鳞茎。优良品种洋葱的茎盘短缩，若茎盘伸长则洋葱品质下降。

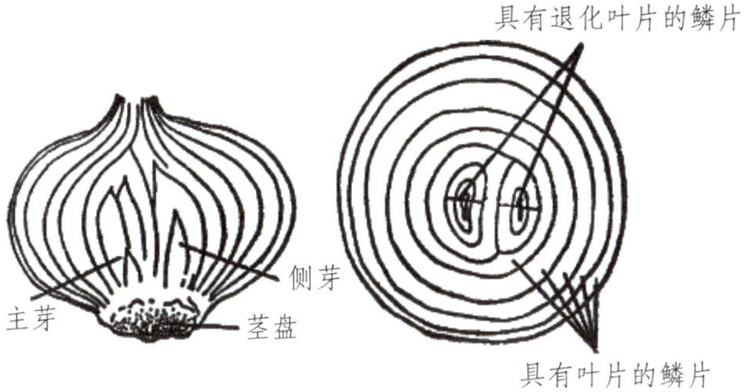

图 1-1　洋葱的鳞茎结构

3. 叶

洋葱的叶由叶身和叶鞘组成。叶身筒状中空，是洋葱的同化器官，叶片数目和叶面积大小影响葱球的产量和品质，而叶片数目和叶面积大小主要取决于幼苗生长期的长短、栽培管理技术和是否先期抽薹。先期抽薹或播种过晚，势必缩短幼苗期而使叶片数目减少、叶面积缩小，最终降低产量。

叶身的下部为叶鞘。叶鞘呈圆筒状，淡绿色或白色，上部相互抱合形成假茎，长 10 ~ 15 厘米。假茎基部在洋葱生育初期不膨大，上下粗细相仿。生长中后期，叶鞘基部积累营养而逐渐膨大，形成开放式肉质鳞片，而侧芽及其分化的叶肥大形成闭合式肉质鳞片。每株洋葱的侧芽数量因洋葱的品种而异，侧芽数越少越好，侧芽太多有分球、裂球的风险。一般而言，黄皮洋葱和白皮洋葱要求只能有 1 个侧芽，红皮洋葱要求不超过 3 个侧芽。许多肥厚的鳞片抱合成球状肉质的鳞茎，叶鞘的层数和肥厚程度直接影响洋葱鳞茎的大小。鳞茎成熟前，最外面的 1 ~ 3 层叶鞘基部所贮养分内移干缩成膜质鳞片，以保护内层鳞片减少蒸腾，使洋葱得以长期贮存。洋葱鳞茎呈扁球形、圆球形或椭圆球形，表皮为紫红色、黄色或白色。

4. 花

洋葱的花为伞形花序，有膜状总苞，1 个发育健壮的花球一般着生 200 ~ 1 000 朵白色小花，有效结实小花 100 ~ 500 朵。洋葱花被 6 枚，其中萼片和花瓣各 3 枚，白色至淡绿色。两性花，雄蕊 6 枚，分 2 轮排列，内轮基部有蜜腺。子房 3 室，每室有胚珠 2 个。洋葱为雄蕊先熟植物，花柱在花初开时长度仅 1 毫米左右，约 2 天后花粉散尽才达到成熟的长度（约 5 毫米），柱头有效期 6 ~ 8 天。花在花序上呈星点开放。洋葱为常异花授粉作物，在留种时要注意不同品种之间隔离，一般以隔离 2 千米以上为宜。

5. 果实和种子

洋葱的果实为蒴果，成熟后自行开裂，每果含种子 6 粒。种子黑色，盾形，皱纹较少，棱角钝圆，脐部凹陷较深。千粒重为 4 克左右。种子含有特殊的香辛味，并含有硫化物，高温吸湿后易变质。种子在低温干燥密封条件下可贮存 8 ~ 10 年，常温开放环境条件下极易吸湿变质导致寿命降低，在生产上推荐使用当年采收的新种子。

（二）生育周期

洋葱为二年生蔬菜，在其整个生育周期中，可分为营养生长期、生理休眠期和生殖生长期（图 1–2）。

1. 营养生长期

从播种到收获为洋葱的营养生长期，一般可将营养生长期分为发芽期、幼苗期、旺盛生长期和鳞茎膨大期。

（1）发芽期　从种子萌动到第一片真叶出现为洋葱的发芽期，约 15 天。因种皮坚硬，发芽缓慢，在适宜的温度（20 ℃左右）和

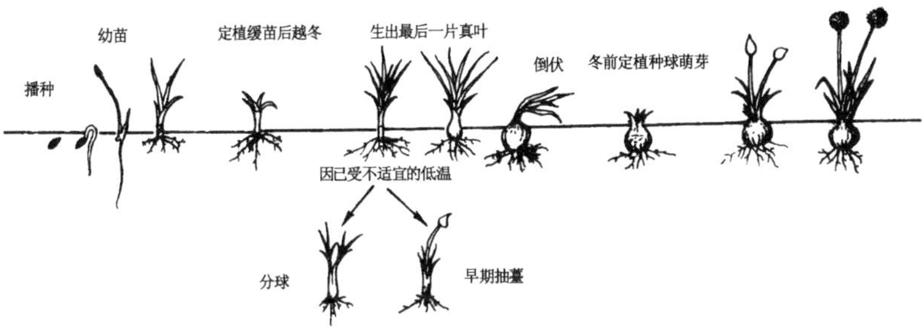

图 1-2　短日型和中日型洋葱的完整生育周期
（资料来源：李成佐，2005）

水分（土壤相对含水量 > 60%）条件下，播后 7 ~ 8 天才能出土。根据洋葱萌芽出土特点，播种不宜过深，覆土不能过厚，幼苗出土前要保持土壤湿润，防止表土板结，才能顺利出土。

（2）幼苗期　从第一片真叶出现到定植为洋葱的幼苗期。幼苗期的长短因播种和定植季节不同而异。秋播秋栽，幼苗期为 50 ~ 60 天；秋播春栽，幼苗期为 180 ~ 210 天；春播春栽，幼苗期为 60 天左右。洋葱定植的优质苗标准是假茎直径 0.4 ~ 0.7 厘米、株高 20 厘米左右、具 3 ~ 4 片真叶，这种适龄幼苗既可以减少先期抽薹，又可以获得高产。幼苗期生长缓慢，特别是出土后的 1 个月内叶身细小、柔嫩、叶肉薄，生长量小，水分和肥力消耗量不大。在此期间应适当控制灌水，不需追肥，以免幼苗徒长降低越冬能力，同时防止幼苗过大引起先期抽薹。

（3）旺盛生长期　洋葱定植后到鳞茎膨大前为旺盛生长期。定植后经过缓苗陆续发根长叶，植株的吸收和同化功能得以恢复。秋栽洋葱，要求在越冬前幼苗能长出 3 ~ 4 条须根，1 ~ 2 片新叶，才能安全越冬，否则受低温冻害，植株可能死亡。春季返青（图 1-3）后，随着气温升高生长逐渐加快，以根系生长为主，根量、

图 1-3　洋葱幼苗返青

根长迅速增加，4—5 月份达到发根盛期。在根系迅速生长的基础上，植株进入发叶盛期，叶数增加、叶面积增大、同化作用加强，继而进入鳞茎膨大初期。

（4）鳞茎膨大期　从叶鞘基部开始膨大到鳞茎成熟收获，为鳞茎膨大期。叶部旺盛生长期结束后，随着气温升高、日照时数增加，地上部开始停止生长，营养物质向叶鞘基部和侧芽输送，叶鞘基部日益膨大形成鳞茎。收获前，叶身开始枯黄衰老，假茎松软、细脆，逐渐失去膨压而倒伏，黄皮和白皮洋葱一般在假茎倒伏后 7 ~ 10 天收获，红皮洋葱在假茎刚倒伏就可逐步开始采收。

2. 生理休眠期

成熟的鳞茎收获后，洋葱进入生理休眠期，呼吸作用微弱，鳞茎不发芽，即使给予良好的发芽条件，鳞茎也不萌发。休眠是洋葱对高温、干旱等不良条件的适应性保护，是洋葱可以贮藏较长时间的生理基础。休眠期的长短因品种、贮藏条件而异，一般为 60 ~ 90 天。通过休眠期后，一旦条件适宜，鳞茎就可以随时发芽。

3. 生殖生长期

洋葱从花芽开始分化，到抽薹开花后种子成熟，为生殖生长期。这个阶段可以分为花芽分化期、抽薹开花期和种子形成期，从种球定植下去到种子成熟收获一般需 200 ~ 270 天。

（1）花芽分化期　从生长锥开始分化花芽，到花芽开始延伸抽薹，为洋葱花芽分化期。在正常生产条件下，鳞茎在收获以后遇到低温才发生春化作用。洋葱为绿体春化作物，在幼苗长到一定大小（一般假茎直径 0.7 厘米以上），经历一定时期的低温（一般在 5 ℃左右），即可通过春化作用，生长锥停止分化叶芽，并分化为花芽。

苗龄越大，冬前植株营养体越大，通过低温春化需要的时间越短。

（2）抽薹开花期　从花芽分化结束，到花序上最后一朵花开花授粉受精结束，为洋葱抽薹开花期（图 1-4）。花芽分化后的植株或鳞茎，在高温和长日照条件下，就可以抽薹开花结实。一般一朵小花的花期为 4 ~ 5 天，每个鳞茎可以抽 2 ~ 8 个花薹，每个花序的开花时间持续 15 天左右，同一植株不同花薹的抽生时间也有早晚，洋葱的花期约 1 个月。

图 1-4　洋葱开花

（3）种子形成期 从开花到种子成熟为洋葱的种子形成期。这个过程约25天。一般来说，温度高，种子成熟快，但饱满度差、千粒重低；温度低，种子成熟缓慢，千粒重高。在制种时，洋葱种子灌浆乳熟期如遇高温干旱天气会导致种子减产。

（三）对环境条件的要求

1. 温度

洋葱对温度适应性强，种子和鳞茎在3～5℃的低温下缓慢萌芽，温度提高到12℃以上时发芽迅速；生长适温，幼苗为12～20℃，叶片为18～20℃；鳞茎膨大期的适温偏高，一般为20～26℃，在15℃以下不能膨大，在21～27℃膨大效果最好。洋葱具有较强的耐寒性和适应性，叶片在露地环境可以耐–7℃低温，鳞茎成熟后耐寒性显著增强。

洋葱为绿体春化作物，诱导花芽分化要求较低的温度。所需的低温时间长短，因品种、栽培条件及植株营养体大小不同而异。多数品种在幼苗假茎直径大于0.7厘米，或鳞茎直径大于2.5厘米时，在2～5℃低温条件下，需要60～70天；南方型品种在相同温度条件下需40～60天，而北方型品种，相同温度条件下则需要100～130天。所以，在北方采种用的母株，应贮于2～5℃的低温下，以便在贮藏期间接受低温诱导，方能顺利抽薹开花。洋葱抽薹开花期要求较高的温度，适宜温度为15～25℃。开花和种子发育成熟要求更高的温度，一般为25～30℃。

2. 水分

洋葱的根系浅，吸水能力弱，在发芽期、生长盛期和鳞茎膨大期，要求充足的水分供应。但在幼苗越冬前应适当控制灌水，防止幼苗徒长或生长过于粗壮，中日照偏北产区可在当地霜冻前浇一次越冬水，避免极端低温使得葱苗被冻死。在鳞茎临近成熟的 1 ~ 2 周内，应逐渐减少灌水，使鳞茎的组织充实，提高产品品质和耐贮性。收获后的鳞茎要求干燥的环境，温度过高容易引发贮藏病害。洋葱叶片上有蜡粉，可有效降低蒸腾作用，故比较耐旱，一般要求空气相对湿度为 60% ~ 70%，空气湿度过高会引发各种病害。

3. 光照

较长的日照时数，不仅是诱导花芽分化的必要条件，也是鳞茎形成的主要条件。延长光照时间，可以加速鳞茎的发育和成熟。鳞茎形成对日照时数的要求因品种而异，短日型品种在 11.5 小时以下的较短日照条件下可形成鳞茎；而长日型品种在 13.5 小时以上的长日照条件下才能形成鳞茎；中日型品种，鳞茎形成要求的日照时长在 11.5 ~ 13.5 小时。为此，在引种时首先应该考虑品种特性是否符合当地的日照条件。若将需要长日照的品种贸然引到南方，则要等到夏至前后，才能满足鳞茎形成对日照的要求，鳞茎才开始膨大，但由于此时温度升高，植株在高温下很快枯萎而减产。反之，如果把较短日照下形成鳞茎的短日型品种引到北方，则植株尚未充分长大就过早形成鳞茎，由于叶面积小，积累营养物质不多，因此鳞茎不能充分膨大而减产。洋葱在生育期间，对光照强度的要求低于果蔬类蔬菜，高于一般叶菜类和根菜类蔬菜，适宜中等光照强度。

4. 土壤营养

洋葱栽培要求肥沃、疏松、保水力强的土壤。土壤黏重不利发根和鳞茎生长，并可导致洋葱畸形，影响品相；沙土保水和保肥性能差，也不适合栽培洋葱。洋葱适宜中性土壤环境，亦适宜在轻微盐碱土中生长，但幼苗期对盐碱反应较为敏感，在盐碱地育苗容易引起黄叶和死苗，适宜栽培的土壤 pH 值（酸碱度）为 6 ~ 8。洋葱喜肥，对土壤营养要求较高，但是实际上吸肥量属中等水平。

一般每亩*地氮、磷、钾的标准施用量为：氮 12.5 ~ 14.3 千克、磷 10.0 ~ 11.3 千克、钾 12.5 ~ 15.0 千克。幼苗期以氮肥为主，鳞茎膨大期增施钾肥，能促进鳞茎细胞的分裂和膨大。使用磷肥，有利于氮肥的吸收，并可提高产品品质，但磷肥的施用应从苗期就开始。

（四）类型和品种

1. 类型

洋葱一般分为普通洋葱、分蘖洋葱和顶球洋葱 3 种类型。

（1）普通洋葱 我国栽培的洋葱多数属于这一类型。每株通常只生一个鳞茎，个体较大，品质较好。能开花结实，以种子繁殖。耐旱力一般，鳞茎生理休眠期较短。普通洋葱按其鳞茎的形状可分为长球形、长椭圆形、球形、扁圆形、扁平形及陀螺形等（图 1–5）品种；按照成熟时间可分为早熟、中熟、晚熟品种；按鳞茎外皮的色泽可分为紫皮、红皮（图 1–6）、黄皮（图 1–7）和白皮（图 1–8）品种；按鳞茎形成对日照时数的反应，可分为长日型、短日型和中日型品种。

图 1–5　普通洋葱鳞茎主要形状

---

*“亩”为我国耕地面积常用计量单位，本书保留使用，15 亩为 1 公顷。

图 1-6　红皮洋葱

图 1-7　黄皮洋葱

图 1-8　白皮洋葱

① 长日型品种：临界日长≥ 13.5 小时，北纬 38° 及以北地区，适合我国东北、西北等地，一般早春播种或定植（用小鳞茎或幼苗冬储），秋季收获。主要产区包括齐齐哈尔、赤峰、乌鲁木齐、张掖、酒泉和吐鲁番等地。

② 短日型品种：临界日长≤ 11.5 小时，北纬 32° 及以南地区，适合我国长江以南地区，一般为秋季播种，翌年春、夏季收获。主要产区包括凉山、楚雄、红河和德宏等地。

③ 中日型品种：临界日长在 11.5 ~ 13.5 小时，北纬 32° ~ 38°，适合我国黄河及长江流域，一般为秋季播种，翌年晚春、夏季收获。主要产区包括南阳、漯河、潍坊和徐州等地。

（2）分蘖洋葱　分蘖洋葱是普通洋葱的一个变种，又名分蘖葱头、毛葱、珠葱、鬼子葱等（图 1-9）。原产于中亚细亚和西亚，

20 世纪初在我国东北地区开始大面积栽培。近年来，分蘖洋葱已发展成为新兴的特色蔬菜，市场需求量逐年递增，栽培面积与产量逐年上升，成为许多地区新的经济增长点。分蘖力强，丛生，植株矮小，单株分蘖后在基部形成数个至十多个小鳞茎，簇生在一起。国内地方品种通常不结种子，以小鳞茎为播种材料；国外已经展开了利用种子生产技术的研究，并选育出优良的杂交系列品种（图 1–9，图 1–10）。

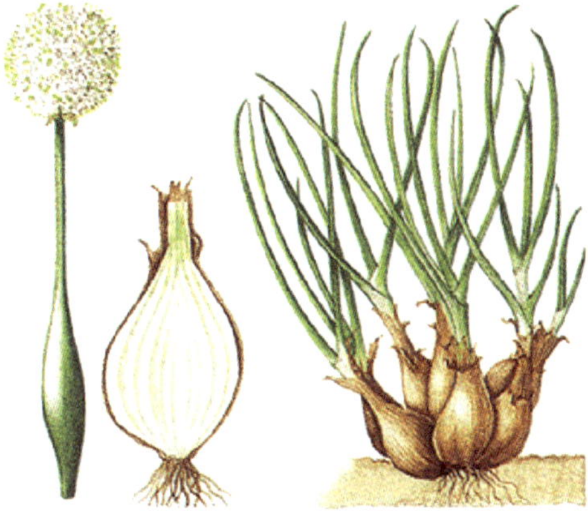

图 1–9　分蘖洋葱

图 1–10　分蘖洋葱品种

（3）顶球洋葱　顶球洋葱（图 1–11）与普通洋葱在营养生长时期相似，但基部不形成肥大的鳞茎，生殖生长期通常不开花结籽，在花茎上形成 7 ~ 8 个气生鳞茎，用气生鳞茎繁殖，也可直接栽培。耐贮性和抗旱性强，适于严寒地区栽培。

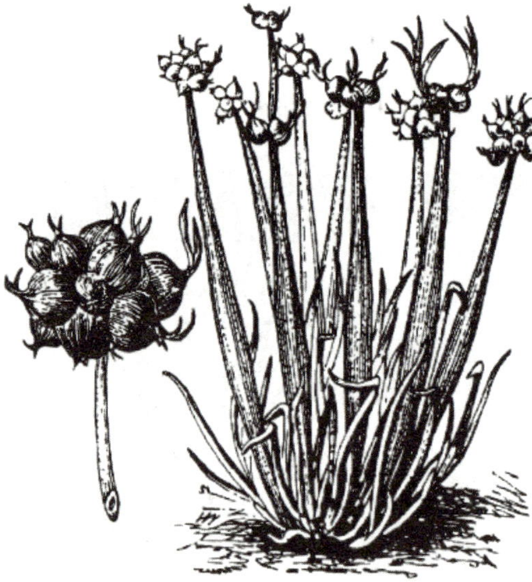

图 1–11　顶球洋葱
（资料来源：安志信，2007）

2. 主要品种

（1）连葱 11 号　由连云港市农业科学研究院杂交选育而成。中日型中熟品种。紫皮，葱球外表皮呈深紫色，内部鳞片颜色较浅，鲜鳞茎圆球形，平均单球重 300 克以上（图 1–12）。高抗霜霉病、紫斑病。

（2）连葱 17 号　由连云港市农业科学研究院杂交选育而成。中日型早熟品种。白皮，外皮白色，内部鳞片白色，鲜鳞茎圆球形，鳞茎紧实，球形指数*0.86以上，单球重230克以上（图1-13）。球形整齐一致，商品率高，辛辣味淡，有甜味，鲜食性好。

图1-12　连葱11号

图1-13　连葱17号

* 球形指数 = 鳞茎的高度 / 鳞茎的直径。

（3）连葱 20 号　由连云港市农业科学研究院杂交选育而成。中日型早熟品种。黄皮，外皮金黄色，有光泽，内部鳞片白色，鲜鳞茎圆球形，假茎较细，球形指数 0.85，单球重约 280 克。球形整齐一致，商品率高，辛辣味淡，有甜味，鲜食性好。

（4）16071　由酒泉市农业科学研究院杂交选育而成。长日型晚熟品种。外皮紫红色，鳞茎圆球形，假茎高度约 95 厘米，生长势强，单球重约 300 克。收口适中，硬度好，不易脱皮，直径 ≥ 7.0 厘米的商品平均合格率为 95%。高抗霜霉病、紫斑病、软腐病。适宜甘肃省河西走廊灌溉农业区及类似生态区的洋葱产区种植。

（5）创新 801　由酒泉市农业科学研究院杂交选育而成。长日型中晚熟品种。叶鞘淡黄色，叶直立，叶色淡绿色，叶势旺；纵径 9 ~ 11 厘米，横径 9 ~ 10 厘米，鳞茎圆球形，皮色铜色，3 层干皮。收口好，硬度硬，干皮薄，不易脱皮，单球重约 360 克，商品合格率 95.0%。适宜甘肃省酒嘉地区及生态条件相类似的地区中、高水肥条件下种植。

（6）中领 8512　由杨凌中领种业有限公司选育而成。中日型中早熟品种。叶片上挺，蜡质层厚，短茎，假茎收口好，直径小于 0.5 厘米。葱头紫红色，扁圆形，平底，横径 10 ~ 12 厘米，纵径 6 ~ 8 厘米，单球重约 450 克。品质好，含水量低，耐运输。高抗霜霉病、灰霉病、疫病及根腐病。

（7）中领 3504　由杨凌中领种业有限公司选育而成。中日型中晚熟品种。株高 60 ~ 70 厘米，植株健壮，叶色墨绿，有蜡粉。外皮紫红色，形状似苹果，鳞茎纵径 8 ~ 10 厘米，横径 9 ~ 11 厘米，单球重约 500 克，商品率高。高抗重茬，抗灰霉病、霜霉病、根腐病等综合抗性强，抗寒能力强。

（8）新晚熟 6 号　由杨凌秦红宝洋葱种业科技有限公司选育

而成。中日型中晚熟品种。外皮紫红色，形状似苹果，鳞茎纵径 8 ~ 10 厘米，横径 9 ~ 11 厘米，单球重约 450 克，商品率高。可秋播也可春播，不易抽薹，抗病高产。肥大叶粗，节短。

（9）秦紫圣特早熟 9 号　由杨凌秦红宝洋葱种业科技有限公司选育而成。中日型早熟品种。椭圆形，深红色，收口紧，耐贮藏，单球重约 400 克（图 1–14）。抗病性强。

图 1–14　秦紫圣特早熟 9 号

（10）帝黄　由上海惠和种业有限公司引进。中日型极早熟品种，在长江流域种植可于 4 月末至 5 月初收获。黄皮，大圆球形，球形整齐度高，产量高，单球重达 350 克以上。不易抽薹，叶鞘紧实，收口好，球形美观，商品性优秀（图 1–15）。

（11）紫球 107　由上海惠和种业有限公司引进。中日型极早熟品种，适宜条件下 4 月上旬可收获。红皮，长势中等，株型比较直立，球形大，产量高，很少发生裂球，单球重 350 ~ 400 克，商品性好（图 1–16）。

图 1-15　帝皇

图 1-16　紫球 107

（12）科威红 4 号　由西昌科威洋葱种业有限责任公司杂交选育。中日型极早熟品种，在四川等短日照地区表现为中熟。紫红色，花青素含量较高，圆球形，生长势强，不易抽薹，不易分球，产量高，单球重约 350 克，耐贮运（图 1-17）。

图 1-17　科威红 4 号

（13）科威黄 8 号　由西昌科威洋葱种业有限责任公司杂交选育。短日型极早熟品种。圆球形，抽薹率较低，不易分球，单心率较高，产量较高，单球重约 350 克（图 1-18）。

图 1-18　科威黄 8 号

（14）红叶 3 号　日本引进品种。中日型中晚熟品种。生长整齐，株型直立。外皮铜黄色，叶色浓绿，细长，基部紧实，茎细长，不易抽薹。鳞茎圆球形，内部鳞片乳白色。球径 8 ~ 9 厘米，单球重约 350 克（图 1–19）。味甜而微辣，品质优。耐寒性强，适应性广，高抗紫斑病、疫病，较抗霜霉病，耐贮性好。

图 1–19　红叶 3 号

（15）新疆白皮　新疆地方早熟品种。植株生长势中等，株高 60 厘米左右，植株开展度约 20 厘米。成株有功能叶 13 ~ 14 枚，管状叶深绿色，叶面蜡粉中等，叶鞘部分较粗，直径可达 2 厘米，上部为绿色，下部为白色。鳞茎扁圆形，纵径将近 5 厘米，横径约 7 厘米，成熟鳞茎的外皮白色，膜质，肉质鳞片白色，约 15 层，单球重约 150 克（图 1–20）。质地脆嫩，甜味重，辣味轻，纤维少，品质优，既可生食，也可熟食，更适于脱水干制。休眠期短。

（16）红火　由纽内姆（北京）种子有限公司从美国引进。短日型中早熟品种。红皮，球大，颜色好，整体度高，根系发达，单

图 1-20　新疆白皮

球重约 350 克。抗病性强，适合云南地区种植。

（17）红鹤　由纽内姆（北京）种子有限公司从美国引进。长日型中熟品种。紫红皮，鳞茎高桩球形，品质佳，球硬，耐贮存，颜色鲜艳，商品性好，单心率高，抗病能力强，单球重约 350 克。适合在我国高纬度地区种植。

（18）盛世经典　由纽内姆（北京）种子有限公司从美国引进。长日型中熟品种。紫红皮，鳞茎高桩球形，单球重 350 克。品质佳，球硬，耐贮存，商品性好，单心率高。抗病能力强，适合在我国高纬度地区种植。

（19）克罗基特　由上海实满丰种业有限公司引进。长日型中熟品种。黄皮，圆球形，表皮质量、颜色好，单球重约 350 克。高产，耐贮性好，商品性好，适合在我国高纬度地区种植。

（20）红博　由上海实满丰种业有限公司引进。长日型早熟品种。红皮，圆球形，表皮质量、颜色好，单球重约350克。高产，耐贮性好，商品性好，适合我国高纬度地区种植。

（21）艳玉995　由广东省良种引进服务公司引进。中日型极早熟品种。紫红色，近圆形，均匀靓丽，单球重约350克。四川省西昌地区3月中下旬可以收获。

（22）凤皇大玉　由广东省良种引进服务公司引进。中日型中熟品种。黄皮，圆球形，单球重约350克。产量高，对霜霉病、灰霉病抗性强，适应能力强，容易栽培。

（五）栽培

1. 栽培茬口与季节

洋葱栽培忌重茬。秋栽主要以茄果类、豆类、瓜类和早秋菜为前茬，也可以水稻、玉米为前茬；春栽多利用冬闲地。洋葱的后作主要是瓜类、豆类、甘蓝等早秋菜。

无论是作为出口种植基地还是一般种植基地，都要按无公害农产品生产要求合理安排茬口，不提倡洋葱和别的作物间套种。

洋葱的栽培季节，南北差异较大，但是都把同化器官的生育期安排在凉爽季节。南方亚热带地区，秋末冬初播种，翌年夏季收获；东北、西北的高寒地区可秋播育苗，以幼苗囤苗的方式越冬，春季定植，夏季收获；也可以在早春保护地育苗，夏季定植，秋季收获。总之，随着地理位置的北移，播种期逐渐提前，收获季节不断延后（表1-1）。

表 1-1　我国洋葱产区分布及栽培茬口

日照类型	产区	主要栽培时间节点			育苗场所
		播种期	定植期	收获期	
长日型	齐齐哈尔	2 月上旬	4 月旬	8 月中旬	温室育苗
	赤峰	2 月上旬	4 月中旬	8 月上旬	温室育苗
	乌鲁木齐	2 月上旬	4 月上旬	7 月中旬	温室育苗
	张掖、酒泉	2 月上旬	4 月上旬	7 月中旬	温室育苗
	吐鲁番	8 月中旬	10 月中旬假植 3 月上旬移栽	5 月下旬	露地育苗
中日型	南阳	9 月中旬	11 月上旬	5 月上旬	露地育苗
	漯河	9 月中旬	11 月上旬	5 月上旬	露地育苗
	潍坊	9 月中旬	11 月上旬	5 月下旬	露地育苗
	徐州	9 月中旬	11 月上旬	5 月中旬	露地育苗
短日型	凉山	9 月上旬	10 月下旬	4 月上旬	露地育苗
	楚雄	8 月下旬	10 月中旬	3 月下旬	露地育苗
	红河	8 月下旬	10 月中旬	3 月中旬	露地育苗
	德宏	8 月下旬	10 月中旬	3 月中旬	露地育苗

2. 播种

（1）播种育苗方式　我国目前主要采用育苗定植、直播栽培和仔球栽培 3 种方式。

① 育苗定植：这种方式应用范围最广。在无霜期少于 200 天，冬季最低温度在 –20 ℃以下的东北和华北地区，多采取保护地育苗，春季天气转暖后定植；或在夏末秋初进行露地育苗，通过贮藏，于翌年早春定植。在无霜期不少于 200 天、冬季最低温度在 –20 ℃左右的华北中南部、中原、华东和华中等地区，多采取秋

季露地育苗，冬前定植，露地越冬，或在苗床越冬后于早春进行定植。气候偏冷的地区，也可将幼苗贮藏越冬。在我国冬季温暖且全年基本无霜的华南、云南南部和广西等地，则于晚秋育苗，定植后在冬季能继续生长，于第二年春季收获。

② 直播栽培：在宁夏回族自治区、甘肃省和新疆维吾尔自治区的部分地区，采取直播方式。直播栽培应选择沙壤土或壤土，事先秋耕、冬灌，翌年早春耙地保墒。生有 2 ~ 3 片真叶时，进行间苗和补苗，至 5 月底或 6 月初，按 13 ~ 15 厘米的株距定苗。除草、保苗是生产的关键，一般中耕 6 ~ 7 次。5 月中旬开始浇水并追施氮素化肥，以促使幼苗茁壮生长。7 月中旬控水蹲苗 10 ~ 15 天，促使鳞茎肥大生长。此后，加强肥水管理，在收获前半个月停止浇水。一般在 9 月田间发现倒伏时收获。每亩可产鳞茎 2 000 ~ 2 500 千克，高产田可达到 4 000 千克以上。

③ 仔球栽培：在高寒地区和亚热带地区，为了避免严寒、酷暑或台风等不利条件，或是为了提早收获、带叶上市，第一年培育直径约 2 厘米的仔球，于冬前或翌年早春再行定植。

（2）播种期 育苗时应根据当地的温度、光照和选用品种的熟性选择合适的播种期。播种过早，秧苗过大，冬季通过春化造成先期抽薹而减产；播种过晚，幼苗细小，虽然不会发生早期抽薹，但越冬能力降低，也会影响产量。一般情况下，应在当地平均气温降到 15 ℃前 40 天左右播种。华北地区在 8 月中旬播种；江淮地区在 9 月上中旬播种；东北地区在温室于 2 月上中旬播种，或在大棚于 3 月上中旬播种。早熟品种比中晚熟品种早播种 5 ~ 7 天。

（3）苗床准备 苗床地要远离工业三废（废水、废气、固体废弃物）污染区、公路主干线和污染严重的工厂，选择土壤肥沃、地势较高、保水性强、2 年或 3 年内未种植过葱蒜类蔬菜的中性或微碱性土壤。沙土、黏重土及低洼地都不宜做苗床。播种前要清洁田园，耕翻土壤，施入充分腐熟的有机肥做基肥，基肥的用量不宜过多，以避免秧苗生长过旺。一般每亩施入有机肥 2 000 ～ 3 000 千克，三元复合肥 25 ～ 30 千克。施肥后要耕耙 2 ～ 3 次，使肥料与土壤充分混合，再用平耙将畦面整平、耙细，然后开沟、做畦。北方地区可做成平畦，畦宽 150 ～ 160 厘米、长 9 ～ 10 米；南方因雨水较多，可做成深沟高畦，畦宽 120 厘米、长 7 ～ 10 米，畦沟宽 40 厘米、深 20 厘米左右。保护地育苗的，在保护地设施内施肥、整地、做苗床。

（4）种子准备　种子播种前应进行消毒或拌种。消毒分为杀菌剂消毒和温汤浸种两种方式，具体为：将洋葱种子用福尔马林 300 倍液浸泡 3 小时，然后用清水冲洗干净，晾干后播种；或将洋葱种子用 50 ℃的温水浸泡 25 分钟后，不断搅拌降至室温，捞出晾干后播种。拌种可以采用福美双、施乐施等杀菌剂按照说明书进行操作即可。定植 1 亩洋葱，一般需要 40 平方米的育苗面积，按 85% 以上发芽率计算，需播种 120 ～ 150 克。

> 洋葱种子寿命短，为了避免因种子质量不合格带来的损失，一般在播种前要对所选用的品种进行发芽试验，以了解种子的播种质量，建议购买正规种子公司销售的种子以确保质量。

（5）播种方式　播种主要有人工撒播、机器播种、种子编线后播种和穴盘育苗四种方式。

① 人工撒播：播种前 3 天左右将苗床浇透，一般采用干籽撒

播，撒播时力求均匀，然后覆上厚约 1 厘米的细土。撒播育苗操作简便，无机器投入，成本较低，但育苗精度不高，易因撒播不匀造成葱苗大小不一，需较多的人工间苗。适合小面积种植。

② 机器播种：采用多功能播种机，可以按照固定的行距条播育苗。相比人工撒播，可以大大提高葱苗均匀度，且提高播种效率。

③ 种子编线后播种：先将洋葱种子用编线机按单粒编线，株距 1.5 厘米左右， 然后用线播机将种子线按行距 8 厘米埋在苗床上。这种方式育苗精度较高，葱苗大小、粗细较一致，可以节省用种量，提高播种效率，且不需要人工间苗。用这种方式育苗，一定要选用高质量的种子，发芽率在 90% 以上。

④ 穴盘育苗：工厂化的穴盘育苗，采用自动播种机，每穴播 2 ~ 3 粒，可以一次性完成装盘、压穴、播种、盖种等工作。这种方式投入大，自动化程度高，适合大面积种植的基地，或者专业的育苗厂。可以节约育苗面积，育出来的苗粗细均匀一致，整齐度高。但因穴盘育苗营养面积小，与传统方式相比，育成的葱苗相对细弱，因此穴盘育苗比传统育苗要早播种 20 天左右。

3. 苗期管理

（1）培育壮苗洋葱的苗期管理　主要有间苗、中耕、浇水、追肥、除草、防治病虫害等环节，目的是培育适龄壮苗。既要防止幼苗长得过大引起先期抽薹，又要避免幼苗生长细弱而难以越冬。适龄壮苗指标一般是：苗龄 50 ~ 60 天，苗高 20 ~ 25 厘米，4 ~ 5 片叶，假茎直径 0.4 ~ 0.7 厘米，根系发达，无病虫害。要达到这个目的，可通过控制水肥来调节幼苗生长，使其达到适龄壮苗标准。

当洋葱种子约 80% 开始出土时，撤除覆盖物，最好选择阴天或晴天的傍晚进行。在保护地设施里育苗的，在幼苗出土前要做好保温工作，白天气温保持在 20 ～ 25 ℃，夜间最低温度不低于 13 ℃。幼苗出齐后，应适当降温，防止徒长。白天保持在 15 ～ 20 ℃，夜间保持在 10 ℃左右，尽量不使最低气温降到 5 ℃以下。

苗期水分管理，应根据土壤墒情和不同播种方式而定。如播前浇足底水的，一般在齐苗前不必浇水。其他播种方式，则在子叶未伸展之前浇水。在“伸腰”时期还要再次浇水。此后，直到生出第一张真叶时才适当控制浇水。苗生长过旺，要控制肥水。总之，在水分管理上应保持土壤湿润，防止忽干忽湿，具体应根据天气情况而定。苗齐后保持土壤见干见湿。

在育苗过程中不要急于间苗，需要提防立枯病。在第二枚真叶长出后和施肥前，应间苗 1 次，除去过分拥挤细弱的幼苗。整个苗期每隔 5 天清除杂草 1 次。生产无公害洋葱栽培一般要求人工除草，但也可以有选择地使用一些化学除草剂。在洋葱育苗前用 50% 捕草净可湿性粉剂处理，每亩用量为 100 克，兑水稀释后喷洒，也可掺土后撒畦面。配制的药土一定要拌匀、撒匀，否则容易产生药害。捕草净在土壤中移动较深，沙性强的土壤不能使用。

（2）秋播春栽幼苗的越冬管理 在长城以北的寒冷地区，一般采用秋季育苗，以幼苗越冬，春季定植的栽培方式，一般有以下几种方法：

① 苗床越冬：适用于冬季最低地温在 -10 ～ -5 ℃的地区。在封冻前（立冬后）于育苗畦的北侧加设风障，并浇灌 1 次“冻水”，表土层湿润深度不低于 2 厘米。第二天在畦面上覆盖 1 厘米厚的细土，以防畦面发生龟裂。此后，随着天气的变冷，在上面再分次覆盖麦秸或碎稻草等防寒保湿，厚度 10 ～ 15 厘米。翌年春季天气转

暖后，将覆盖物取出，幼苗便重新萌发，以备定植。如有条件，育苗畦可用塑料薄膜进行覆盖，在越冬期间必须将畦四周的薄膜压严，防止透风。发现破损，必须及时修补或在破损处另加覆盖。

② 假植越冬：又叫囤苗越冬。冬季气温在 –10 ℃以下的地区，原地保护仍不能保证洋葱幼苗不受冻害，可在土壤封冻之前，在风障南侧东西向开沟，深约 10 厘米，然后将起出的秧苗向南侧倾斜 45°（或直立）在沟内密集摆苗，覆土时以不埋过叶鞘顶部为准。假植沟之间应保持 5 厘米以上的距离，假植沟的宽度一般不超过 1.5 米。假植后要用土将四周堵严、踩实，不能透风，以免冻根。假植以后幼苗心叶还会缓慢生长，不宜立即盖土防寒，直到旬平均气温接近 0 ℃（即土壤将封冻）时，再在秧苗上面覆土防寒。随着气温下降，在沟上插上竹片做成拱棚，上覆 1 层薄膜或地膜，防止雨雪入沟。白天膜上盖草帘或秸秆，晚上打开，保持沟内温度在 –7 ~ –6 ℃，以葱苗叶尖稍冻、葱白不冻为原则，要特别注意防止一冻一化。春季定植前 10 ~ 15 天逐渐撤去假植沟上的覆盖物，定植前 2 ~ 3 天将苗从假植沟中取出使其慢慢缓冻，然后选苗定植。为了防止洋葱苗越冬假植时受冻或受热，还应适时起苗，秋季应在早晚地表稍冻、中午开化这段时间抓紧起苗。如果起苗后天气变暖，秋苗暂时不能下沟假植，则要把秧苗散开，放在凉爽处不加覆盖，待气温降低后再假植。

（六）定植

1. 大田准备

栽植洋葱的大田选择标准与苗床地相同。前茬作物收获后要清洁田园，以减少病菌来源。

洋葱是浅根作物，根系主要集中在 20 ~ 30 厘米深的土层中，吸水、吸肥能力差，因此，整地时耕翻深度不得少于 20 厘米。耕翻前应施足基肥，基肥以有机肥为主。北方一般采用平畦，畦宽 1.2 ~ 1.5 米，畦长约 10 米，畦面要平，使浇水时深浅一致。尤其是盐碱土地区，如畦面高低不平还会招致返碱，使高处发生盐碱危害。南方地区要做成高畦深沟，畦宽 1.1 ~ 1.8 米，畦沟宽 30 厘米，深 20 厘米。畦长 20 米左右开一腰沟，腰沟宽 40 厘米，深 30 厘米。同时，在种植田四周有排水大沟，利于排灌。

2. 定植时间

洋葱的定植时期因栽培地区不同分为秋栽和春栽，详情参照表 1–1。

中日照和短日照地区多采取秋栽，在严寒到来前 40 天左右定植，使越冬前洋葱根系恢复生长，返青后叶部生长迅速，幼苗生长期长，所以表现较春栽高产。秋栽要适时，过早，冬前幼苗生长过大，会造成春季先期抽薹；过迟，冬前生长期短，根系不能充分发育，耐寒性降低，容易引起越冬死苗。

长日照地区，冬季严寒，洋葱在露地难以越冬，以春栽为主。春栽叶部生长期短，产量偏低，所以春季定植时原则上应早，在土壤解冻后尽量提早进行，以争取较长的生育期，在鳞茎膨大前长出较多的功能叶片，提高产量。确定合适的定植期，还要考虑洋葱的品种特性。早熟品种苗期生长较快，但易老化，晚熟品种生长较慢，但苗期长，不易老化，所以在适期定植的基础上，早熟品种的定植时间应稍早于晚熟品种。

3. 定植前准备

（1）起苗分级 定植前 1 天将苗床轻浇 1 次水。定植前用铲子小心起苗，避免伤根。挖苗后淘汰病苗、矮化苗、徒长苗、分蘖苗、纤细苗等，然后将苗分成 2 级：假茎直径 0.6 ~ 0.7 厘米、

3 ~ 4 片叶为一级苗；假茎粗 0.4 ~ 0.6 厘米、3 片叶为二级苗。定植时按级分别栽植，以便管理。

（2）合理密植　洋葱叶片直立，阳光可照射到叶层基部，适于密植，密植增产潜力较大。在一定范围内密植，产量随密度的加大而增加。当密度加大到一定程度以后，总产量不再增加，单株产量反而降低，大鳞茎的比例逐渐减少，小鳞茎的比例逐渐增加。确定栽植密度还要考虑品种的熟期早晚、生育期的长短、土壤肥力和肥水条件。只有正确处理总产量和单株产量的关系，才能达到高产优质的目的。肥力足的高产田块，中晚熟品种以每亩 1.8 万 ~ 2.2 万株为宜，早熟品种以每亩 2.2 万 ~ 2.4 万株为宜，一般行距 15 ~ 18 厘米，株距 14 ~ 18 厘米。肥力差的普通大田可适当提高种植密度并加强水肥管理。

4. 定植方法

洋葱适于浅栽，最适深度为 2 ~ 3 厘米。栽植过深，叶部生长过旺，鳞茎颈部增粗，尤其在土质黏重的情况下，容易使鳞茎发育成畸形并引起减产。栽植过浅，植株容易倒伏，鳞茎外露，因日照后变绿或开裂而影响品质。沙质土壤可稍深，黏重土壤应稍浅。秋栽为了保墒、抗冻，宜稍深些，即使深栽，也必须使叶鞘顶部露出地面；春栽应略浅。对叶鞘直径较大的大苗，在定植时进行剪叶，这对减少抽薹有一定的作用。但剪叶不能过量，剪叶越重，平均单株产量和亩产量降低越多，同时在越冬期腐烂率也越高。

5. 地膜覆盖

地膜覆盖可提高前期地温，改善土壤通透性，保持土壤疏松，增强地表含水量，促进洋葱根系提早发育，增强其吸水、吸肥能力，使叶片得以迅速生长，在高温长日照来临之前已经形成一个庞大的叶片营养体，叶片数目越多，叶面积越大，形成的鳞片越多越肥大，丰产潜力越大，所以地膜覆盖栽培洋葱增产效果显著。高畦覆盖地膜的，将地膜边缘埋压在畦沟里，在畦面按要求打孔定植葱苗，然后再用细土压实定植孔，最后灌一次定植水。平畦覆盖地膜的，可以先灌水，当畦内水还没有完全渗下时覆膜，这样地膜被水层托住，既平展又不会被泥土污染。地膜铺平后用铁锨顺畦埂四周将地膜边缘压进土中，深 6 厘米左右，这样既简单又牢固。定植时采用打孔法定植。随着农用机械的发展，现阶段已经出现洋葱起垄—铺滴灌带—覆膜—打孔一体化的机械操作，大大提高了工作效率。

（七）定植后田间管理

1. 水分管理

洋葱根系分布在地表层中，吸水、吸肥能力弱，喜湿怕旱，对土壤水分要求比较严格，适宜范围是 60% ~ 80%，如果在 50% 以下，生长就会受到抑制，定植后应加强水分管理。

秋栽洋葱，从定植到越冬，气温低，蒸发量小，幼苗生长缓慢，定植时要浇 1 ~ 2 次缓苗水。通过浇水使根系和土壤紧密结合，促使幼苗根系生长，增强抗寒性。土壤开始封冻时浇封冻水，封冻水要在晴天中午浇，而且不要过量，以浇后水全部渗入土中，地表无积水为准。时间应以浇后土壤即封冻且不再融化为准。翌年返青后，当地表 10 厘米地温稳定在 10 ℃左右，及时浇返青水，促其返青生长。

早春气温较低，浇水不宜过勤，水量也不宜过大，为的是提高地温，保持土壤见干见湿。同时浇水不宜过早，因此时温度低对洋葱不利。过晚浇水又会抑制生长，甚至使叶部发生干尖。

春栽洋葱，缓苗前不浇水，以保墒提高地温、促进发根为主。

缓苗后，在植株进入以地上部生长为主的时期，应根据土壤墒情浇水，水量不宜过大。

进入发叶盛期，不论秋栽或春栽的洋葱，都应适当增加浇水，一般每隔 7 ~ 8 天浇水 1 次，使土壤经常保持湿润。如果这一时期土壤缺水干旱，地上部不能充分生长，则将影响将来鳞茎的大小。

当幼苗达到充分生长的高度以后，将转向以鳞茎膨大为主的生长阶段。在这个转化过程中，要控制水分，进行蹲苗，促使转化，蹲苗期一般为 7 ~ 10 天。通过蹲苗，可抑制叶部生长，促进营养物质向叶鞘基部输送。如果继续灌水不进行蹲苗，则容易引起植株疯长，影响鳞茎肥大。

蹲苗后，洋葱进入鳞茎膨大期，植株营养物质向叶鞘基部输送，对水分的要求日益增多，气温也逐渐升高，植株蒸发量和生长量加大，是追肥、浇水的关键时期。浇水宜勤，一般 7 天左右浇 1 次，经常保持土壤湿润，浇水时间以早晚为好。假若此时水分不足，则植株早衰，鳞茎将会变小而减产。鳞茎临近成熟时，叶部和根系的生理机能减退，应逐步减少浇水。收获前 10 天，当田间植株开始出现自然倒伏时，应停止浇水，以减少鳞茎中水分含量，增加鳞茎的耐贮性。南方地区雨量充沛，很少单独浇水，大都结合追肥适当浇水，在春雨期间还必须注意排水。总之，应根据不同地区的气候和土壤情况及时浇水或排水。

2. 追肥

（1）洋葱的需肥特点 洋葱是喜肥作物，对营养元素的吸收以钾为最多，氮、磷、钙次之。但洋葱的吸肥量与施肥量相比，吸收量很低，其中氮的吸收量约为施用量的 25%，磷为 10% ~ 20%，钾的吸收量约与施钾量相近。洋葱的不同生育期需肥量不同。幼苗期生长缓慢，需肥量小，以氮为主。幼苗生长后期，生长量逐渐增加，需肥量也相应有所增加。春栽幼苗经过缓苗或秋栽幼苗返青后，陆续长根发叶，进入叶生长盛期，需肥量和吸肥强度迅速增长，此时仍以氮为主。在鳞茎膨大期，高温和长日照使叶片生长受到抑制，相对生长率和吸肥强度下降，但生长量和需肥量仍缓慢上升，这时以钾为主。随着叶的进一步衰老，根系也加速死亡，植株的需肥量减少，鳞茎膨大所需的养分主要由叶片和叶鞘中贮藏的营养转移而来。在整个生育期都不能缺磷。

（2）洋葱生产的施肥原则 以有机肥为主，辅以其他肥料；以多元素复合肥为主，单元素肥料为辅；尽量限制化肥的施用，最后一次追施化肥应在收获期前 30 天进行，收获前 20 天不得施用无机氮，防止亚硝酸盐在洋葱体内积累，少用叶面喷肥。必须根据洋葱的需肥规律、土壤供肥情况和肥料效应，实行平衡施肥，最大程度地保持农田土壤养分平衡和土壤肥力的提高，减少肥料成分的过分流失对农产品和环境造成的污染。洋葱根系分布浅，吸收能力弱，所以在生长过程中，要分期适量追肥，做到“轻施提苗肥，巧施发棵肥，重施膨大肥”是洋葱高产的关键之一。具体地说，秋栽洋葱返青后或春栽洋葱缓苗后，结合浇水追 1 次肥。这次追肥的目的是为根系的继续生长补充养分，同时也为即将开始的地上部的生长做准备。每亩施入尿素 10 千克、过磷酸钙 20 千克和硫酸钾 10 千克，或施入磷酸二铵 15 千克和硫酸钾 10 千克。返青后 30 天左右，随着气温升高，植株进入叶部旺盛生长期，需肥量增加，应结合浇水进行第二次追肥，即“发棵肥”。中晚熟品种鳞茎形成期长，要结合实际情况决定是否再追肥 1 次。在鳞茎膨大后期，要注意氮肥不能施用过多，否则会发生“贪青”而影响采收。

3. 洋葱先期抽薹管理

洋葱以鳞茎为产品，如果植株发生先期抽薹，一般情况下就不能形成肥大的鳞茎，使产量锐减，品质变劣，这对洋葱生产是不利的。但在生产中，由于秋播过早，营养体低温前过大，肥水管理不当等许多原因，常造成洋葱幼苗在越冬前生长过大，发生先期抽薹现象。因此，找出洋葱发生先期抽薹的具体原因，采取相应的对策，是洋葱生产必须解决的问题。

（1）洋葱先期抽薹的原因

① 品种差异：不同品种对低温的感受能力不同，有的品种冬性弱，表现敏感，比如南方型品种在 2 ～ 5 ℃下经历 40 ～ 60 天就可以完成春化；有的品种冬性强，比如北方型品种在相同的低温条件下，通过春化需 100 ～ 130 天。

② 苗的大小：洋葱属绿体春化作物，在低温到来之前有充分大小的营养体，洋葱就有可能发生先期抽薹；如果营养体没有达到一定的大小，那么即使具有充分的低温和长日照条件，也不会发生先期抽薹。

③ 其他因素：氮肥不足、土壤干旱和弱光都容易使秧苗生长瘦弱，植株碳水化合物和氮的比值增加，发生先期抽薹现象。

（2）预防洋葱先期抽薹的对策

① 品种选择：选择耐抽薹的冬性强的品种是控制先期抽薹的重要措施。在生产上，可尽量选择阳春黄、港葱 845、大宝等品种。在引种时，要注意纬度变化对植株抽薹的影响。一般从高纬度向低纬度地区引种不易发生先期抽薹，但从低纬度向高纬度地区引种则容易发生先期抽薹。另外，对新引进的品种一定要经过试种，确定适宜的播种期后再大面积推广。

② 确定适宜的播种期：播种期的早晚，直接影响幼苗的大小。早播，幼苗生长期长，秧苗容易抽薹；晚播，幼苗弱小，耐寒力低，越冬容易死苗，而且减产。所以，根据品种特性和气候特点，正

确决定播种期是防止先期抽薹的主要途径。秋播洋葱一般以平均日气温 15 ℃之日为基准向前推移 50 天为播种适期。黄淮地区洋葱的适宜播种期，早熟品种为 9 月 5—10 日，中晚熟品种为 9 月 10—15 日。

③ 幼苗营养体控制：幼苗过大，植株积累营养物质多是造成先期抽薹的主要原因。因此，通过合理的肥水管理，适当控制幼苗生长，使其在越冬前不会过大，是避免和减少先期抽薹的有效途径。但是，幼苗也不宜太小，否则耐寒力降低，在越冬过程中容易死亡，而且产量较低。试验证明，幼苗茎直径 0.4 厘米以下，虽然抽薹率低，但鳞茎个体小，单位面积产量低；幼苗茎直径 0.7 厘米以上，极易抽薹，不宜应用；而茎直径在 0.4 ~ 0.7 厘米，具 3 ~ 4 片叶，50 ~ 60 天苗龄的幼苗，虽有少量抽薹，但鳞茎大，总产量高。

④ 其他措施：播种密度也会影响幼苗生长。播种过稀，苗床内单株的营养面积过大，越冬前易长成大苗。一般保持苗床内单株营养面积为 4 ~ 5 平方厘米，可防止秧苗因密度过大而徒长，也可防止因营养面积过大而形成大苗。对已发生先期抽薹的植株，要及时将已抽出的花头摘除，以获取一定的产量。

（八）洋葱高效栽培模式

1. 洋葱—番茄周年栽培模式

该模式适用于中日照洋葱产区。第一茬洋葱，9 月上中旬播种育苗，10 月底至 11 月初定植，翌年 5 月中旬开始采收，全生育期 240 ~ 250 天。第二季番茄，于翌年 2 月中下旬播种育苗，4 月中旬套种于洋葱植株间，6 月中下旬果实开始成熟，8 月中下旬采收结束，全生育期 180 ~ 210 天。两茬作物的田间共生期为 30 ~ 40 天。

2. 洋葱、西瓜、三樱椒套作高效栽培模式

该模式适用于中日照洋葱产区。采用宽窄行栽培，宽行种洋葱，窄行间作套种三樱椒和西瓜。洋葱 9 月中旬露地育苗，11 月上中旬移栽（图 1–21），翌年 5 月中下旬收获，洋葱畦宽 108 厘米。间作套种西瓜和三樱椒的窄行起高垄，垄宽 72 厘米，垄正中间定植 1 行西瓜，西瓜 3 月中下旬温室基质育苗，4 月中下旬定植，7 月中下旬收获。三樱椒 3 月底温室基质育苗，5 月中下旬移栽定植，9 月中下旬至 10 月上旬收获，距西瓜 20 厘米两边各定植三樱椒 1 行。采用滴灌和地膜覆盖栽培，节水省费，效益更高。

图 1–21　洋葱移栽

3. 洋葱套种食用向日葵栽培模式

该模式适用于长日照洋葱产区。洋葱 2 月初在温室播种育苗，4 月中旬移栽定植，7 月下旬收获；食用向日葵 6 月下旬播种，在洋葱畦垄两侧各种一行，10 月上旬收获。

4. 洋葱全膜微垄垄上穴播沟灌栽培模式

洋葱全膜微垄垄上穴播沟灌栽培技术是通过机械将土地平面修

整成多个等行距的微型垄沟，再用厚度 0.008 毫米以上的地膜覆盖垄面和垄沟，相接覆盖，在垄畦上播种洋葱的一种节水增效技术。此项技术输水沟为“V”形或“U”形，按照作物生长期需水规律，在垄畦沟内进行节水灌溉，适用于年降水量在 50 ~ 250 毫米的干旱灌溉农业地区。

5. 洋葱—夏莴苣—秋甘蓝高效栽培模式

洋葱 9 月上旬播种育苗，11 月上旬移栽，翌年 5 月中下旬采收；夏莴苣 5 月中旬播种育苗，6 月下旬定植，8 月上旬采收；秋甘蓝 7 月上旬播种育苗，8 月上旬定植，国庆节期间开始采收上市。

6. 早熟洋葱—夏豇豆—大白菜高效栽培模式

洋葱于 9 月中下旬播种，翌年 4 月底收获；豇豆于 4 月中下旬播种育苗，6 月中下旬开始采收；白菜于 7 月底至 8 月初播种，10 月下旬开始收获。

（九）产品收获、贮藏与加工

1. 收获

（1）洋葱成熟的标志 下部第一、第二片叶枯黄，第三、第四片叶尚带绿色，假茎变软并开始倒伏，鳞茎停止膨大进入休眠阶段，鳞茎外层鳞片变干并呈现出本品种特有的颜色。倒伏是鳞茎趋于成熟的象征，是鳞茎将进入休眠的前奏，也是收获的标志。

具体的收获期因栽培地区和品种不同而有早有晚（图 1–22）。黄淮地区中晚熟品种多在 5 月下旬收获，早熟品种多在 5 月初收获，长日照地区多在 7—9 月收获。对休眠期短、耐贮性差的品种，应适当提早收获，即有 50% 植株倒伏时，开始收获；中晚熟休眠期较长的品种，在自然倒伏率（图 1–23）达到 70% 左右时收获。收获时要选择晴天，且收获后连续几天晴天，以便及时晾晒。收获时将整株拔出，就地遮光晾晒 3 ~ 4 天，促其成熟。为了减轻洋葱贮藏期间腐烂，收获前 7 ~ 9 天应停止浇水。

图 1-22　洋葱采收

图 1-23　洋葱倒伏

（2）采后无公害处理技术　采收后的洋葱若直接上市，应削去根部，并在鳞茎上部假茎基部剪断，清除泥土，分级后包装出售（图 1-24）。如果作为净菜上市，还需剥去外皮再进行小包装分销。洋葱的等级标准可参照农业农村部发布的行业标准《洋葱》（NY/ T 1071—2006）（表 1-2）。一般将剥皮后的洋葱进行托盘薄膜包封，以延长货架寿命。包装是根据洋葱的大小每盒装 2 ~ 3 个，注意所用的包装必须是无毒、无害、无污染的材料。

图 1-24　洋葱采收后装袋

表 1-2　洋葱等级规格

项目	一等	二等	三等
基本要求	鳞茎紧实、整修良好、无开裂、无病虫斑、无嫩芽、干燥、无软腐、新鲜洁净、无异味		
外观要求	形状一致（鳞茎指数差别 <5%），色泽正常，表面光滑，大小均匀一致，横径差异小于 3%	形状相似（鳞茎指数差别 <10%），色泽正常，表面较光滑，大小较均匀，横径差异小于 5%	形状相似（鳞茎指数差别 <10%），色泽正常，横径差异小于 10%
不合格限度以重量计 /%	每批样品不合格率不超过 5%，其中不得有机械损伤，不得有病虫斑，无软腐	每批样品不合格率不超过 10%，其中不得有机械损伤，病虫斑不超过 2%，无软腐	每批样品不合格率不超过 15%，其中机械损伤不超过 1%，病虫斑不超过 3%，软腐不超过 1%

2. 贮藏

（1）室外码垛堆藏　华北和西北地区多采用这种贮藏方法。具体方法是：在收获、晾晒、编辫、再晾晒使鳞茎充分干燥的基础上码上小垛，垛下面用土埂、木檩等垫高 30 ~ 50 厘米，上铺秸秆，将洋葱一层层码好，垛高 1 米，宽 2 米左右，顶部用苇席等物盖好防雨。经十余天后，便可上大垛。大垛高 1.5 米，宽 1.2 ~ 1.5 米，长度可根据贮藏量来决定。每 5 000 千克洋葱需要 8 米左右长度的上述规格大垛。为了防止洋葱受潮，要选地势高燥、空气流通、排水良好的地块，南北向垒两行间距 0.6 米，宽 1 米的土埂，铺上木檩，上垫秸秆厚约 20 厘米做底，将充分晾晒的洋葱叶子朝外，鳞茎朝内一层层码放整齐。垛好后，四周用两层苇席围好，并用绳子横竖扎紧，垛顶先铺稻草，再压土，抹泥防雨，这样可防阳光直晒和雨水渗入。

为了降低垛内温度，码垛最好在太阳出来前进行。如果连续降雨或阴天，就等天气一转晴，留一层席，将其余席子掀起晾晒，而后再封好。封垛以后，只要不是漏雨，不应倒垛，以防碰伤促进萌芽。

（2）室内挂藏或堆藏（图 1-25） 华东地区多采用挂藏方式。洋葱收获后充分晾晒，然后每 10 ~ 20 个扎成一把，量少时可挂在屋檐下面，量大时需建通风良好的挂藏室，室内搭架挂藏。

东北等地区，在 7 月中下旬鳞茎充分膨大后及时收获，然后带叶摊开晾晒。当鳞茎外皮（膜质鳞片）干燥、叶片干枯时扎成小捆，堆成小垛继续风干，或在鳞茎外皮干燥时，将鳞茎颈部 6 ~ 10 厘米处的叶鞘剪断晾晒。待充分干燥后将之装筐或散堆在通风库或防雨棚内进行贮藏。平常注意通风管理和防止堆积过厚。

（3）冷库贮藏 这是一种采用低温强迫洋葱鳞茎休眠、抑

图 1-25　洋葱室内堆藏

制鳞茎萌芽而达到长期贮藏目的的方法。洋葱适宜的冷藏温度为 0 ~ 2 ℃，空气相对湿度为 65% ~ 70%。入库时间一定要在洋葱生理休眠结束之前进行。

（4）气调贮藏　气调贮藏室在密闭的条件下，通过设备来减少洋葱贮藏环境内的氧气，并进一步调节氧气和二氧化碳的含量比例，把洋葱鳞茎的呼吸强度降到最低的代谢水平，以延长贮藏期和防止抽芽。一般气调法贮藏洋葱的适宜氧浓度为 1% ~ 3%，适宜二氧化碳浓度为 5% ~ 10%。

（5）辐射贮藏　国际原子能机构、联合国粮食及农业组织（FAO）和世界卫生组织曾联合推荐使用低剂量辐射果蔬产品，改变果蔬产品的生理活动过程并达到保鲜贮藏的目的。早在 1976 年，许多国家“无条件批准”辐射洋葱可作为商品出售。一般采用 60 ~ 150 戈的 γ 射线在生理休眠期结束之前照射洋葱，常温下可贮藏 8 ~ 11 个月不发芽，品质依旧。

3. 加工

（1）洋葱保鲜出口　保鲜出口洋葱按照横径大小，分为 7 ~ 8

厘米、8 ~ 10 厘米和 10 厘米以上 3 个等级，要求外形圆整，皮色橙黄，表皮干燥。无须根，无发芽，无霉变，无虫害及机械伤。出口的洋葱除了要符合进口商要求的标准，还需符合进口国的商检要求。

（2）洋葱油　洋葱油就是富含硫化物的洋葱活性物质，具有多种药用价值。提取洋葱油的方法大致有常压水蒸气蒸馏法、室温减压水蒸气蒸馏法、溶剂萃取法、超临界二氧化碳萃取法等。在此基础上，南京农业大学园艺学院研究出一种高效低成本、适合工厂化生产的提取方法，即减压水蒸气蒸馏法。具体的工艺流程如下：

洋葱原料粉碎，匀浆室温温浸 3 小时；真空度 5 000~6 000 帕蒸馏 3 ~ 4 小时，–5 ℃冰盐水冷却；蒸馏液用二氯甲烷萃取，萃取液用无水硫酸钠（Na_2SO_4）脱水，回收有机溶剂，得洋葱油。

（3）脱水洋葱片　选取个大、色白、结构紧密、无机械伤的成熟洋葱，用清水洗净后沥水。将洋葱切掉头尾，剥掉外层干皮，切成薄片（厚 3 ~ 5 毫米）后放在烘盘上，然后送进干燥间进行干燥，温度控制在 93 ℃，1.0 ~ 1.5 小时后把温度降到 53 ℃，待鳞茎水分降至 6% ~ 7% 时再降温到 45 ℃，待水分含量降为 3.5% 时取出洋葱，将其放在常温下自然散热。散热包装后即为成品。

工艺流程如下：选料→预处理→清洗→切成 3 ~ 5 毫米薄片→漂洗→甩水→ 93 ℃，1.0 ~ 1.5 小时→降温至 53℃→烘干至含水量 3.5% →过筛及分级→包装。

（4）洋葱酱　选择辛辣味足的鲜洋葱，要求可溶性固形物含量在 8% 以上，无病虫害、无杂色霉变。将鲜洋葱用摩擦法去皮，用蔬菜多功能机切根盘，确保无残留纤维老皮及根须，然后将其切成厚 0.3 ~ 0.5 厘米的圆片（或丝）。将切好的洋葱片（或丝）放入破碎机进行破碎和胶磨，破碎筛孔径调整为 0.8 厘米，胶磨间隙调整为30微米。破碎完成后，用0.25% ~ 0.30%的柠檬酸液将洋葱浆pH值调整为4.4 ~ 4.6，然后在85~90 ℃条件下加热8 ~ 10分钟。而后添加0.15% ~ 0.20%的酶进行酶解，酶解温度为40 ~ 45 ℃，时间15 ~ 20分钟，浆料酶解后可溶性固形物含量一般为6.5% ~ 7.5%。酶解后再用双道打浆机打浆，头道筛孔直径为0.8毫米，二道筛孔直径为0.6毫米；胶磨间隙为头道10微米，二道5微米。二次浓缩温度65 ~ 68 ℃，真空度77 000 ~ 80 000帕，终点可溶性固形物含量16% ~ 18%。装罐时预热温度为90 ~ 95 ℃，时间为6 ~ 8秒，用198克马口铁罐，顶隙6 ~ 8毫米，降温至85 ~ 88 ℃。杀菌完成后，再按商业无菌标准检验。

二、大蒜

大蒜别名蒜、胡蒜、古名葫，起源于中亚，西汉张骞出使西域返回时，通过“丝绸之路”引入中国，9 世纪初传入日本，16 世纪前叶扩展到非洲和南美洲，18 世纪后叶北美洲开始栽培，现已遍及世界各地。

大蒜在中国已有 2 000 多年的栽培历史，是较多城乡人民喜爱的蔬菜和调味品。我国历来有食蒜的传统，农民种蒜极为普遍，产地遍布全国 30 多个省（自治区、直辖市），形成了一些具有一定种植规模的大蒜主产区。目前，我国主要的大蒜产区已经接近 70 个，经过多年驯化，已经形成了如山东苍山蒲棵蒜、山东金乡白蒜、新疆白皮蒜、甘肃民乐大蒜、广东金山火蒜等许多驰名国内外的名优蒜种和知名农业品牌。同时，由于我国大蒜的品质和外观基本优于国外大蒜，使中国的大蒜在国际市场上具有强大的竞争优势，一直以来都是我国传统的优势出口蔬菜农产品之一。据 FAO 统计，2020 年我国大蒜的出口量和出口额也分别达到了 225.42 万吨和 20.64 亿美元，分别约占世界大蒜出口总量与出口总额的 80.05% 和 64.70%。

大蒜的营养价值很高，据分析，每 100 克大蒜中，含碳水化合物 23.6 克，蛋白质 4.4 克，磷 195 毫克，铁 21 毫克，镁 28 毫克。鳞茎中含维生素 C 较少，而嫩苗中含量最高，每 100 克含 77 毫克。大蒜还含有独特的风味物质大蒜素，大蒜素的前体是无色无味的蒜氨酸，当大蒜破碎时，蒜氨酸在蒜氨酸酶的作用下迅速水解形成一种挥发性硫化物，有特殊的辛辣味，能增进食欲，是膳食烹调中不可缺少的调味品。有些菜肴的烹调更是不加蒜就味不正，如烧茄子、炒苋菜、凉拌菜、麻辣豆腐，鱼香肉丝、炒猪肝、糖醋排骨、红烧鱼等。北京的灌肠，陕西的酿皮、凉粉、豆腐脑，不调上蒜汁就没有什么味道；陕西的涮羊肉、羊肉泡馍离不开糖蒜。南方人一般不爱吃生蒜，但在炒菜时常加蒜，大蒜烧排骨更是别有风味。

大蒜的医疗效用明显，自古为药用蔬菜。5 000 多年以前即为药物，古罗马的科学家认为大蒜可治疗 61 种不同的疾病。我国古代药典《本草纲目》中，认为大蒜味辛、性温，入肺经、胃经。有暖脾健胃、促进食欲、帮助消化、消咳止血、行气消积、解毒杀虫等功效。大蒜是一种广谱性抗菌剂，对危害人或畜、禽的多种病原菌有抑杀作用，如葡萄球菌、化脓性球菌、痢疾杆菌、大肠埃希菌、伤寒杆菌、结核分枝杆菌、白喉杆菌、炭疽杆菌、霍乱弧菌、脑膜炎及肺炎双球菌、链球菌等。可用来缓解呼吸系统、消化系统的多种疾病，如感冒、头痛、鼻塞、各种结核病、口腔与肠道感染、肠炎菌痢、胃炎、肾炎、流行性脑膜炎、口腔炎等症。

大蒜能降低血液中胆固醇浓度，延缓血管硬化，增加心肌收缩能力，扩张末梢血管，减轻动脉粥样硬化程度，控制高血压，预防心血管疾病。大蒜也可以降低血液中糖的含量，保护肝功能，提高血液中胰岛素水平，有助于预防糖尿病。大蒜对抗癌、防癌有一定帮助，其较强的抗氧化能力，可有效清除活性氧自由基，保护生物膜结构的完整性，防止细胞和组织的癌变。另外，大蒜还有阻断真菌对亚硝胺合成的促进作用，降低因亚硝胺诱发癌症的风险。

大蒜的种种功效主要归功于所含的大蒜素。大蒜作为民间广泛用于辅助防疫的重要食品，其部分成分可被提炼制成具有抗菌消炎作用的药品及保健品。

图 2-1　大蒜植株

（一）形态特征

大蒜属百合科葱属二年生草本植物。通常不结种子，用蒜瓣进行无性繁殖。一株完整的大蒜包括根、鳞茎、叶、蒜薹、总苞及气生鳞茎等（图 2-1）。

1. 根

大蒜的根为弦线状须根，没有明显的主根、侧根之分。须根均着生在蒜瓣基部的茎盘上。按其发生的先后、着生的部位和所起的作用，可分为初生根、次生根和不定根。初生根发生在种瓣的背面，次生根发生在种瓣的腹部及茎盘的外围，不定根是在春季烂母前，围绕茎盘周围其他部位着生的根。主要根系分布在深 5 ~ 25 厘米的土层中，横向分布范围约 30 厘米，属浅根性蔬菜。须根数量多而根毛少，吸水、吸肥能力弱。

播种前，蒜瓣的茎盘上已出现米粒状的根突起，播种后，在适宜的温度和湿度条件下迅速长出新根，早期发生的根随茎盘的增大而逐渐衰老、死亡，新发生的根取而代之，不断更新。大蒜的全发育期有 2 次发根高峰，第一次在发芽期，通常在播后 1 ~ 2 周内，第二次在春季退母后。蒜茎采收后，根系不再增长，并逐渐衰亡。

2. 鳞茎

即通常所称的蒜头（图 2-2），构成鳞茎的各个蒜瓣（图 2-3），也称为鳞芽。蒜头和蒜瓣的基部是一个扁平的盘状致密组织，称为茎盘，色浅黄，直径 1.5 ～ 2.5 厘米，厚 0.5 ～ 0.8 厘米。生于地下，其下着生须根，其上着生蒜叶，并随着生长发育产生蒜薹和蒜瓣。蒜头成熟后，茎盘木质化，有利于减少蒜瓣水分损失和保护蒜瓣。

图 2-2　鲜蒜头

图 2-3　蒜瓣

鳞芽是由植株上叶片的叶腋处的侧芽发育而成的，所以又称为鳞腋芽。鳞芽发生的位置主要因品种而异，同时也受栽培条件的影响。一般蒜瓣大而排列整齐的品种，鳞芽多呈 2 层排列，并在最内的 1 ～ 2 层叶的叶腋发生；蒜瓣小而呈多层排列的品种，鳞芽多发生在最内的 1 ～ 5 层叶的叶腋。每个叶腋的叶芽，通常会产生 1 个主芽，而在营养充足的情况下，主芽两侧可能会产生 1 对或多对副芽。因而，大蒜鳞茎上的鳞芽数主要与品种有关，但也受栽培条件的影响。

鳞芽由 2 ～ 3 层鳞片和 1 个幼芽组成。在发育过程中，最内层的鳞片会从外层鳞片中吸取和积累营养，从而肥大成贮藏叶，贮藏叶中包藏 1 个幼芽，称发芽叶，而外层的鳞片则因营养输出而成为膜质，保护鳞片，又称保护叶或蒜衣。

3. 叶

种蒜瓣播种时，生长锥一般已分化了 3 ~ 4 片叶。播种后，最先萌发的 1 片叶，只有叶鞘，没有叶身，称初生叶。发芽叶的生长锥继续分化叶片，叶片数逐渐增加。待生长锥分化花芽后，叶片的分化过程会结束，叶片数不再增加。最终的叶片数因品种而异，少则 2 ~ 8 片，多则 20 片以上。大蒜的叶片包括叶鞘和叶身两部分，叶鞘呈圆筒状，着生在茎盘上。在叶与叶身连接处有出叶口，每片叶都由其先发生的前一叶片的出叶口伸出，各叶的叶鞘相互套叠在一起，形成直立的圆柱形茎秆，由于它不是真正的茎，称为假茎。叶与叶之间的叶鞘长度随叶位的升高而增加，一般在花茎伸出最后一片叶的叶鞘口以后，叶鞘停止生长。成龄植株的假茎一般长度为 20 ~ 40 厘米、直径 1 ~ 2 厘米。大蒜假茎长度和粗度随品种、种瓣大小、叶片多少、播种密度和栽培条件的不同而存在较大的差异。种瓣大、叶数多的品种以及采用稀播、高肥水栽培方式的，其假茎高大粗壮，青蒜产量高；反之，青蒜产量低。叶鞘的长短和出叶口的大小，与抽取蒜薹的难易有关，叶鞘越长，出叶口越细的品种，蒜薹越难抽出。

大蒜叶互生，对称排列。叶片的排列方向与蒜瓣的背腹连线垂直。因此，播种时应将蒜瓣的背腹连线与播种行的方向相平行，则出苗后叶片的排列方向就和播种行的方向垂直，减少叶片之间的遮阴，使叶片接收更多的阳光，增强叶片的光合作用。

4. 蒜薹和气生鳞茎

（1）蒜薹　大蒜茎盘的生长锥分化出花芽后，逐步发育抽生花茎，俗称蒜薹。蒜薹包括薹茎和薹苞两部分。薹茎实心，圆柱状，绿色或黄绿色，叶鞘以内呈白色或黄色，蒜薹成熟时顶部弯曲。

薹苞着生于薹茎顶部，又称总苞、花苞，为空心圆锥状。蒜薹发育期间总苞呈绿色，蒜薹成熟时总苞褪绿变白。总苞基部、薹茎的顶端着生许多小花和气生鳞茎。气生鳞茎成熟时，总苞开裂，膨大的气生鳞茎和小花外露。

（2）气生鳞茎 也称为空中鳞茎，俗称天蒜或珠蒜。一个总苞内的气生鳞茎数因品种而异，少则几个，多则数十甚至上百个。气生鳞茎的构造与蒜瓣基本相同，也可以作为播种材料。

与气生鳞茎混生的紫色小花，花柄细长，有苞片 1 ~ 3 枚，花瓣 6 枚，雄蕊 6 枚，各分 2 轮排列，有柱头 1 枚，子房上位，长卵圆形，3 室，每室 2 个胚珠，蒴果 1 室。然而，这些花通常发育不完全，难以形成种子，即使形成少量发育不良的种子，也难以成苗，没有利用价值。

（二）生育周期

大蒜从用蒜瓣播种到收获蒜头，重新获得新的蒜瓣，进入休眠状态称为 1 个生育周期。完成 1 个生育周期要先后经历萌芽期、幼苗期、花芽及鳞芽分化期、蒜薹伸长期、鳞茎膨大期和鳞茎休眠期 6 个时期。

大蒜生育期的长短会因栽培季节和栽培地区不同而有很大差异。春播地区的大蒜，当年播种，当年收获蒜头，生育期 90 ~ 110 天；秋播地区的大蒜，播种后要经过 1 个漫长的冬季，第二年才能收获蒜头，生育期长达 220 ~ 280 天。即使在同一地区，由于品种的熟性不同，生育期也有差异。另外，生育期的长短还和播种期有密切关系，由于不论春播或秋播，鳞茎都是在温度升高、日照加长的条件下成熟，在同一地区，即使播种期不同，但蒜头成熟期基本相同，所以，播种过晚时大蒜生育期缩短，产量必然降低。

1. 萌芽期

大蒜从播种到初生叶展开为萌芽期。萌芽期的长短因播种季节、播种期、品种特性、蒜种休眠状况和栽培条件等不同而异。一般需 7 ~ 30 天。不同品种萌芽期的差异，主要是由蒜种休眠程度决定的。休眠期长、播种时休眠未解除的品种，萌芽期长。播后气候适宜，土壤墒情好，则出苗快；若遇干旱，墒情差，则出苗期延迟。实践证明，播前对蒜种进行低温处理可提前打破休眠，促进萌芽，出苗期短，且集中整齐。

萌芽期，种蒜瓣的生长锥不断生长并分化新叶，同时茎盘基部也不断发生和生长新根。幼叶和幼根的生长依靠种蒜瓣的贮藏叶供给营养，属于异养阶段。因此，播种时所用蒜瓣的大小对大蒜以后的生长发育状况有很大影响。

2. 幼苗期

大蒜从初生叶展开到生长锥停止分化幼叶而分化为花芽，总叶片数不再增加时，为幼苗期，春播蒜 25 ~ 30 天，秋播蒜 150 ~ 210 天。但不同品种间差异也较大。

幼苗期根系的生长由纵向转入横向，并开始形成少量的侧根。叶片不断分化和生长，叶数和叶面积不断增大。到期末，总叶数虽然不再增加，但叶面积仍在迅速增加。幼苗生长前期，根和幼叶生长主要依靠种瓣中贮藏的营养，随着幼苗的增大，叶面积和根系范围不断扩大，叶片的光合系统和植株的运输系统不断健全，根系吸收能力也不断增强，植株的自养能力也不断提高。在幼苗生长的后期，种瓣内贮藏的养分逐渐被幼苗吸收殆尽，种蒜瓣开始干瘪，最后只剩下膜状蒜衣，生产上称之为“退母”或“烂母”。退母后大蒜进入第二个发根高峰，根系生长达到高峰时期。若退母时土壤肥水不足，则容易产生植株生长不良，表现为叶色变淡，叶尖变黄干枯等症状。如果持续时间长，则幼苗生长缓慢，影响花芽和鳞芽分化。

3. 花芽及鳞芽分化期

花芽分化是大蒜抽薹开花的基础，直接影响蒜薹、珠蒜（气生鳞茎）及种子的形成和发育，从而影响蒜薹产量以及大蒜生育性能；此外，花芽分化也是大蒜生长发育的关键时期，在生产上可根据需求对花芽分化过程进行调控，大蒜的薹用型品种、瓣用型品种以及薹瓣兼用型品种的花芽分化过程存在差异。从花芽和鳞芽开始分化到分化结束的时期被称为花芽及鳞芽分化期，一般为 15 ~ 35 天，长则可达 100 多天。

花芽及鳞芽分化期是大蒜生育的关键时期。这一时期植株的生长锥已停止叶的分化，总叶数不再增加，但此期因气温回升，地上部生长和地下部生长都开始加速进行，已分化的叶迅速生长展开，叶面积迅速增加，生长的中心仍在叶部。叶片大量制造光合产物，一部分供给花芽和鳞芽分化，另一部分贮藏在叶鞘内，供以后蒜薹伸长和鳞茎膨大用，生长中心已开始向蒜薹和鳞茎转移。因此，分化早的大蒜因蒜薹发育适温期长，光合产物积累多，抽薹顺畅；而分化迟的大蒜因叶片早衰枯黄，花芽分化后只能在鳞茎的中心形成纤细的薹而难以抽出。

在鳞芽及花芽分化期，若肥水短缺，花芽分化首先受到抑制，甚至花芽干瘪。不仅蒜薹伸长不畅，薹细弱瘦小，而且抽薹率降低。同时，倒 2 叶叶腋间腋芽易干瘪，不易产生副芽，构成鳞茎的鳞芽数减少。

正因为花芽和鳞芽分化期如此重要，所以了解花芽分化时期和植株外部形态之间的相互关系，对于指导田间管理技术具有重要意义。陆帼一研究认为，蒜苗的展开叶数与花芽分化开始有密切关系，可根据展开叶数预测花芽分化期。秋播栽培品种，低温反应敏感型及低温反应中间型品种一般当展开叶数达 6 片时生长锥开始花芽分化，其中苏联红皮蒜系统的品种，当展开叶数达 7 ~ 8 片时生长锥开始花芽分化，苍山大蒜在 7 叶 1 心时，生长锥开始花芽分化。低温反应迟钝型品种中的早熟品种，一般在有 5 片展开叶时开始花芽分化；中熟品种，当展开叶达 6 ~ 7 片时开始花芽分化；晚熟品种，当展开叶达 8 片时开始花芽分化。

需要指出的是，不同品种、不同栽培地区甚至同一地区的不同播种期，对大蒜花芽开始分化的展开叶数，或多或少都会有影响，所以各大蒜产区应对本地区的主栽品种进行花芽分化期观察，确定在本地区具体条件下花芽开始分化时的展叶数，以此作为田间管理的外部形态标志。

4. 蒜薹伸长期

从花芽分化结束到蒜薹采收为蒜薹伸长期。不同品种、不同播种季节，蒜薹伸长期的实际天数差异较大。秋播大蒜一般需 13 ~ 20 天，但其中的早熟品种，如二水早，在花芽分化结束时仍处于早春低温期，蒜薹生长缓慢，一般需 40 天左右。春播大蒜品种，一般需要 30 ~ 35 天。

蒜薹伸长期是大蒜生长最旺盛的时期。先是叶片陆续生长展开，叶面积迅速增长达到一生最大值。同时，蒜薹伸长逐渐加快，当总苞顶端露出顶叶的出叶口时叫“露帽”或“甩缨”；当总苞的膨大部分露出出叶口时叫“外苞”或“出口”；当蒜薹的花轴顶端向一侧弯曲生长时叫“打钩”；当总苞由绿转淡绿发白时叫“白苞”。从露帽到外苞仅需5天左右，至白苞采薹需15天左右。在蒜薹伸长的同时，鳞芽也逐渐缓慢膨大。根系生长的新老更替也加快，在老根衰老的同时，继续大量发生新根。此期全株增重最快，约占全生育期植株生长总量的50%以上。该时期生育的特点是，地上部生长与地下部生长、营养生长与生殖生长、蒜薹伸长与蒜头膨大同步进行，协调好这3对矛盾是栽培管理的关键。

5. 鳞茎膨大期

从鳞芽分化结束到鳞茎成熟收获为鳞茎膨大期。鳞茎膨大期，对秋播大蒜来说，早熟品种一般需要70天左右，中熟品种需要40～46天，晚熟品种需要35天左右；对于春播大蒜，早熟品种一般为35～40天，晚熟品种为20～25天。鳞茎膨大期又可分为缓慢膨大期和膨大盛期。缓慢膨大期是从鳞茎分化结束至蒜薹采收，这段时期与蒜薹伸长期重叠，膨大盛期是从蒜薹采收后至鳞茎成熟收获。在缓慢膨大期，由于蒜薹生长占优势，鳞芽生长缓慢，但叶片和根系生长随蒜薹伸长而增长，生长中心为蒜薹、叶及根，叶片制造的光合产物和根系吸收的无机营养一部分供给蒜薹生长，一部分继续贮存在叶鞘内。采薹后，不仅叶面积增长停滞，而且因采薹时的机械损伤而加速叶的衰老。同时，根系也会加速衰老死亡，导致植株本身制造营养的能力和容量都急剧下降，植株进入以营养再分配为主的时期。这时，由于采薹引起顶端生长优势的解除，叶片制造的养分以及叶片和叶鞘中的可移动养分都大量向鳞茎输送，直至叶片干枯；叶鞘由于养分输出而变薄、变松软，以至倒伏；包围鳞茎的叶鞘基部也就成薄膜状，以保护鳞芽，防止失水干燥。这时，鳞茎已膨大成熟。

6. 鳞茎休眠期

鳞茎成熟收获后即进入鳞茎休眠期。大蒜鳞茎休眠包括生理休眠和强迫休眠。生理休眠是大蒜对生长时的高温、强光、长日照、干旱等逆境条件的一种适应性。此期鳞芽中的生长点和根的分化组织均停止活动，即使给予适宜的水分、温度和通气等条件，也不会萌发。

生理休眠期长短与品种和种植地区有关。一般来说，在同一地区长期种植的品种中，熟性早的品种生理休眠期短，熟性晚的品种生理休眠期长。处于生理休眠期的鳞茎给予一定的特殊条件也可以提前打破鳞茎休眠，如低温处理、伤害处理等。长期处于 20 ℃以下的低温可逐渐打破鳞茎休眠，10 ~ 15 ℃的低温打破休眠效果显著，5 ~ 10 ℃的低温可更快地打破鳞茎休眠。

若创造有利于鳞茎休眠的环境，如一定的高温和干燥条件，或一定的低温条件，甚至是缺氧真空条件等，则鳞茎可保持强迫休眠状态。然而，强迫休眠是暂时的现象，只要脱离强迫休眠条件并给予适宜的萌发条件，鳞芽就会立即萌发。

（三）对环境条件的要求

1. 温度

大蒜属耐寒性蔬菜，喜好冷凉气候条件，生长发育和产品器官的形成都要严格受温度的控制，生长发育的不同时期对温度有不同的要求。

通过休眠的蒜瓣，在 3 ~ 5 ℃的低温下便可开始萌发。萌发的适宜温度为 16 ~ 20 ℃。30 ℃以上的高温对萌发起抑制作用，所以秋季播种过早，则出苗慢、不整齐。幼苗期的适宜温度为 12 ~ 16 ℃，能耐短期的 −10 ℃低温和长期的 −5 ~ −3 ℃低温。冬季月平均最低气温在 −6 ℃以上的地区，秋播大蒜幼苗可以安全越冬，尤以 4 ~ 5 叶期的幼苗耐寒能力最强。

大蒜花芽和鳞芽分化都需要低温环境，花芽分化要求在低温下通过春化阶段。播种前，将种蒜瓣在 0 ～ 4 ℃低温下处理 20 ～ 30 天，或者播种后在 10 ℃以下经过 1 ～ 2 个月，即可顺利通过春化阶段。通过春化后，在低温下花芽分化发育缓慢，在生长适温范围内花芽分化发育较快，高温会引起脱春化，阻碍花芽分化。大蒜鳞芽分化也要求低温的刺激，但没有花芽分化对低温的要求严格，只要在 20 ℃以下的温凉条件下经过一段时期，就可形成鳞芽，但相对较低的温度有利于刺激鳞芽的分化。在田间自然条件下，大蒜花芽和鳞芽的分化通常在冬春低温季节完成。

蒜薹伸长和鳞茎的发育适宜温度为 15 ～ 20 ℃，在蒜薹伸长期，即鳞茎缓慢膨大期，偏低的温度有利于叶片制造更多的光合产物和蒜薹的伸长，在鳞茎膨大盛期偏高的温度更有利于叶和叶鞘中的营养向鳞茎再分配。临近收获前，20 ～ 25 ℃的高温更有利于鳞茎成熟。但温度超过 25 ℃，茎、叶逐渐枯黄，鳞茎增长减缓甚至停滞。所以，无论秋播还是春播，即使播种期相差较大，鳞茎的成熟期也相差很小，播种过迟必然导致蒜头产量下降。

2. 光照

大蒜正常生长发育要求中等强度的光照和完全的可见光。蒜薹的生长和鳞茎的形成都要求一定的长日照条件，而且在影响蒜薹生长和鳞茎形成的外界环境条件中，光周期的长短起决定性的作用。大蒜经过春化阶段后，还需要在长日照条件下才能抽薹；而在短日照条件下只能进行花芽分化，不能抽生蒜薹。同样，鳞茎的形成也要求长日照和强光条件，尤其是强光、长日照和高温综合条件，可加速鳞茎的膨大和成熟过程。短日照条件不利于鳞茎形成，但有利于叶部继续生长。在适宜的温度、水分和通气条件下，大蒜可以利用蒜瓣内贮藏的营养，在黑暗或极弱光条件下生长，其产品称为蒜黄。

3. 水分

大蒜叶片呈带状、较厚，表面有蜡粉，比较耐旱，能适应干燥的空气条件，适宜的空气相对湿度为 45% ~ 55%。但是，由于大蒜根系浅，肉质，根毛少，根系范围小，吸水能力弱，因此对土壤水分要求较为严格，且不同生育期对土壤水分的要求又有差异。播种后的萌芽期一般要求较高的土壤湿度，以促进生根和发芽。幼苗期应适当降低土壤湿度，防止幼苗过度生长，促进根系向纵深发展。尤其是秋播蒜，若幼苗期水分过多，则幼苗生长过旺，不利于幼苗安全越冬。但是，在春播地区常遇春旱，土壤水分蒸发快，地面容易返碱，腐蚀蒜种，这时如土壤湿度小，则幼苗生长缓慢，而且叶片易产生黄尖现象，所以要根据当年气候情况灵活掌握土壤湿度。

退母期结束后，大蒜生长加快，需水量增多，需要较高的土壤湿度促进植株生长，并为花芽、鳞芽的分化和发育打好基础。但水分过多还会诱发二次生长。蒜薹伸长期和鳞茎膨大期是大蒜生长日趋旺盛的时期，同时也是一生中生长量最大的时期，需要较高的土壤湿度，应经常保持土壤湿润。当鳞茎已充分膨大，大蒜叶片已逐渐枯黄，根系大量枯死时，植株本身需水量很少，此时应降低土壤湿度，促进鳞茎成熟，并防止鳞茎收获前外皮腐烂变黑及散瓣。

4. 土壤

大蒜根系吸收力较弱，因此对土壤肥力的要求较高，适宜在富含有机质、透气性好且保水、排水性能好的沙质土壤或壤土中栽培。沙土虽然疏松，但易漏水漏肥；黏土虽保水保肥，但通气性和排水性差。在地下水位高且排水不良的土壤中种蒜，鳞茎成熟后易发生散瓣和烂瓣现象。

大蒜喜微酸性土壤，适宜的土壤 pH 值为 5.5 ~ 6.0，过酸或过碱的土壤都会引起植株生长不良，蒜头小，独头蒜增多。

5. 营养

大蒜对富含腐殖质的有机肥反应良好，增产效果显著。全生育期吸收的氮最多，钾次之，磷最少。据刘文英等研究，每亩产 1 416.3 千克鲜蒜头的高产田需吸收氮 21 千克、磷 5 千克、钾 15 千克，氮、磷、钾的吸收比例为 1.00 ∶ 0.24 ∶ 0.71。

大蒜不同生育期对各种元素的吸收也是变化的。萌芽期和幼苗期的生长主要依靠种瓣中贮藏的养分，从土壤中吸收的氮、磷、钾量很少，所以在施用基肥的基础上一般不需要再追施化肥。花芽和鳞芽分化后进入蒜薹伸长期，叶片和蒜薹的生长加快，吸收的氮、磷、钾迅速增加，至鳞茎膨大中期达到最高峰，所以，蒜薹伸长期是追肥的关键时期。追肥的种类以氮肥为主。鳞茎膨大后期叶片逐渐枯黄，根系老化，吸收力减弱，吸肥量减少，一般不再追肥，特别要控制氮肥的施用，否则易导致鳞茎开裂和散瓣。

（四）类型和品种

1. 类型

按大蒜鳞茎外皮的颜色可将大蒜分为白皮蒜和紫皮蒜。按蒜瓣大小可分为大瓣种和小瓣种。大瓣种的蒜瓣肥大、瓣数少，每个蒜头有 4 ~ 8 个蒜瓣，蒜茎粗而长，多用作蒜头和蒜薹栽培。小瓣种的蒜瓣狭长，瓣数多，每个蒜头有蒜瓣 20 个左右，也称为狗牙蒜，宜用作蒜苗栽培。按大蒜的叶形和质地可分为宽叶蒜、狭叶蒜、硬叶蒜和软叶蒜。按成熟期早晚可分为早熟种和晚熟种。按大蒜对低温的反应可分为低温反应敏感型、低温反应迟钝型、低温反应中间型等 3 大生态型。

（1）低温反应敏感型 这一生态型品种对低温反应敏感，花芽和鳞芽分化需要的低温期较短，低温的界限较高，耐寒性较差。鳞茎形成和发育对日照要求不严格，在 8 小时的短日照条件下也可以形成鳞茎，但在 12 小时日照下鳞茎发育较好。这一生态型品种分布在北纬 31° 以南的平川地区，为秋播品种。应当注意的是，大蒜生态型的形成不但和纬度有关，而且在很大程度上受海拔的影响。例如，西藏江孜大蒜产区虽然纬度为 28° 55′，但由于海拔高达 4 500 米左右，其生态特性与低温敏感型品种有显著差异。

（2）低温反应迟钝型 这一生态型品种对低温反应迟钝，花芽和鳞芽分化需要经受较长时期的低温，耐寒性较强。鳞茎形成和发育对日照长度的要求较严格，在 12 小时日照下一般不能形成鳞茎。多分布于北纬 35° 以北地区及纬度较低但海拔很高的地区（如西藏江孜）。此类型品种以春播为主，其中也有少数可以在秋季播种的品种，如新疆伊宁红皮蒜。

（3）低温反应中间型 这一生态型品种对低温的反应介于低温反应敏感型和低温反应迟钝型之间。在 8 ~ 16 小时日照下都可以形成鳞茎，但在 14 小时左右的日照下鳞茎发育良好，日照时间增加到 16 小时，由于叶部提早枯黄，反而不利于鳞茎的发育。适应性较强，分布范围也比较广，在北纬 23° ~ 36° 范围内都有分布。此类型品种多为秋播品种。

2. 主要品种

（1）金堂早蒜 四川省金堂县地方品种，属低温反应敏感型。株高 60 厘米，株幅 12 厘米左右。假茎长 25 厘米左右，直径 1 厘米左右。叶片绿色，最大叶长 37 厘米，宽 2 厘米左右，全株有 11 片叶。蒜头扁圆形，直径 3 厘米左右，外皮淡紫色，单头重 12 ~ 16 克。每个蒜头有 8 ~ 10 个蒜瓣，分 2 层排列，平均单瓣重 1.5 克，蒜瓣外皮（蒜衣）2层，淡紫色。抽薹率80%左右，蒜薹长35厘米左右，直径0.6厘米，平均单薹重8克。亩产蒜薹100～150千克，蒜头200千克左右。熟性极早，生长期约180天。

（2）二水早　四川成都市地方品种，属低温反应中间型。株高74厘米，株幅15厘米。假茎长33厘米左右，直径1.2厘米。全株叶片数12～13片，最大叶长42厘米，最大叶宽2.5厘米。蒜头圆形，外皮淡紫色，横径3～4厘米，单头重13～16克。每个蒜头有8～9个蒜瓣，多分2层排列，外层蒜瓣6个，内层2～3个，平均单瓣重1.8克。瓣衣2层，紫红色，较厚。抽薹率95%左右，蒜薹长42厘米，直径0.6厘米，平均单薹重12克，味浓，品质好。

（3）嘉定白蒜　上海市嘉定区地方品种，属低温反应中间型。株高80厘米，株幅30厘米。假茎高30厘米，直径1.3厘米。全株叶片数13～15片，叶片绿色，较直立，最大叶长50厘米，最大叶宽2.5厘米。蒜头扁圆形，横径4厘米，外皮白色，平均单头重22克。每个蒜头有蒜瓣6～8个，分2层排列，内、外层蒜瓣数及重量差异很小。蒜瓣形状、大小整齐，平均单瓣重3克左右。蒜衣2层，色洁白。抽薹性好，蒜薹绿色，长43厘米，直径0.5厘米，单薹重14克。生育期240～245天。

（4）太仓白蒜　江苏省太仓市地方品种，属低温反应中间型。株高92厘米，株幅40厘米，假茎高约40厘米，直径1.3厘米。全株叶片数12片，最大叶长54厘米，形状整齐。外皮白色，单头重25克左右。每个蒜头有蒜瓣6～9个，分2层排列，内、外层蒜瓣数相近，但外层蒜瓣比内层蒜瓣大，平均单瓣重3克左右，瓣形整齐。蒜衣2层，淡黄色。抽薹性好，蒜薹粗而紧实，薹长54厘米，直径0.63厘米，单薹重12克。

（5）苍山大蒜　山东省兰陵县（原苍山县）地方品种，属低温反应中间型。蒜头大，色洁白，瓣少而大，味香浓，蒜汁黏稠，蒜薹粗而长，蒜头和蒜薹产量高，适应性强，在国内外颇负盛名。苍山大蒜包括 3 个品种：

① 蒲棵蒜：是目前苍山蒜区秋播主栽品种。株高 80 ~ 90 厘米，株幅 36 厘米。假茎高 35 厘米左右，直径 14 ~ 15 厘米。叶色浓绿，全株叶片数 12 片，最大叶长 63 厘米，最大叶宽 29 厘米。蒜头近圆形，横径 4.0 ~ 4.5 厘米，外形整齐，外皮薄，白色，单头重 35 克左右，重者达 40 克以上。每个蒜头有 6 ~ 7 个蒜瓣，分 2 层排列，瓣形整齐。蒜衣 2 层，稍呈红色，平均单瓣重 3.5 克左右。抽薹性好，蒜薹长 30 ~ 35 厘米，直径 0.46 ~ 0.65 厘米，单薹重 25 ~ 35 克，质嫩，味佳。一般亩产蒜薹 500 千克左右，蒜头 800 ~ 900 千克，为蒜头和蒜薹兼用的良种。生育期 240 天左右，属中晚熟品种。耐寒性较强。

② 糙蒜：株高 80 ~ 90 厘米，假茎高 35 ~ 40 厘米，直径 1.3 ~ 1.5 厘米。全株叶片数 11 ~ 12 片，叶色淡绿，叶片较蒲棵蒜稍窄，最大叶宽 1.2 ~ 2.0 厘米。蒜头近圆形，白皮，单头重 35 克左右，重者达 40 克。每个蒜头有 4 ~ 5 个蒜瓣，瓣大而整齐。比蒲棵蒜早熟，生育期 230 ~ 235 天。耐寒性较蒲棵蒜差，后期有早衰现象。适宜地膜覆盖栽培。

③ 高脚子蒜：其主要特征是长势强，植株高大，株高 85 ~ 90 厘米，高者达 1 米以上，假茎高 35 ~ 40 厘米，直径 1.4 ~ 1.6 厘米。全株叶片数 11 ~ 12 片，叶片肥大，浓绿色。蒜头近圆形，皮白色，单头重一般在 35 克以上。每个蒜头一般有 6 个蒜瓣，瓣大而高，瓣形整齐，蒜衣白色。抽薹性好，蒜薹粗而长，长 35 ~ 55 厘米，直径 0.7 厘米左右。一般亩产蒜薹 500 多千克，产蒜头 900 多千克。生育期 245 天左右，属晚熟品种，适应性强，较耐寒。

（6）徐州白蒜 为江苏省徐州市地方品种，属低温反应中间型。株高 90 ~ 100 厘米，株幅 41 厘米，株型开张。假茎高 35 ~ 40 厘米，直径 1.6 厘米。全株叶片数 13 ~ 14 片，最大叶长 64 厘米，最大叶宽 3.5 厘米，幼苗期及越冬期叶片为黄绿色，翌年返青后转为深绿色。蒜头扁圆形，80% 以上的蒜头单头重可达 70 克以上。刚收获的蒜头外皮为淡紫色，干燥后呈灰白色带紫色条斑，最外面 1 ~ 2 层的外膜剥掉后，内为纯白色。每个蒜头有蒜瓣 13 ~ 17 个，分 2 层排列，内、外层蒜瓣数相近，而外层蒜瓣明显比内层大，平均单瓣重 4.5 克左右。蒜衣 1 层，淡红黄色，基部颜色较深。抽薹率 77%，薹长 49 厘米，直径 0.7 厘米，单薹重 12 克。蒜瓣休眠期约 60 天，不耐贮藏。生育期 260 天左右。不发生外层型二次生长，只有轻度的内层型二次生长发生。

（7）海城大蒜 为辽宁省海城市地方品种，属低温反应敏感型。株高 75 厘米，株幅 47 厘米，株型较开张。叶面有蜡粉。蒜头近圆形，外皮灰白色带紫色条纹，平均单头重 50 克左右，大者达 100 克。每头蒜有蒜瓣 5 ~ 6 个，蒜瓣肥大而且匀整，香辣味浓，捣出的蒜泥不易泻汤或变味。

（8）射阳白蒜 为江苏省射阳县地方品种。株高 75 厘米左右，开展度中等。总叶数 12 片，常有绿叶 6 ~ 8 片，色深绿，叶面微着蜡粉，叶长 48.5 厘米，叶宽 2.5 厘米。假茎粗壮，高 35 厘米，横径 1.5 厘米。薹长 50 ~ 60 厘米，横径 0.85 厘米，单薹鲜重 30 ~ 40 克，最大单薹重达 85 克。蒜薹断面伤流少，愈合快，耐贮藏，可在气调冷库贮藏到翌年新蒜薹上市，不变色，加工出口一级品率达 85% 以上。蒜头略呈扁圆球形，横径 3.8 ~ 4.5 厘米，高 3.5 厘米，蒜皮洁白。每头有 8 ~ 10 瓣，蒜瓣肥厚，平均单头重 50.5 克，味浓郁香辣，品质上乘。

（9）苏联红皮蒜 1957年由苏联库班蔬菜研究所引进，现已大面积推广，成为目前我国大蒜出口及内销的重要品种之一。株高93厘米，株型开张，株幅40厘米左右。假茎长36厘米，直径1.5～2.0厘米。全株叶片数13～15片，最大叶长64厘米，最大叶宽3.5厘米，黄绿色，有白粉。蒜头扁圆形，外皮淡紫色至紫色，干燥后外皮呈灰白色带淡紫色条斑。单头重55克左右，蒜头横径5.5厘米，有80%～90%的蒜头直径大于5厘米，形状整齐，符合出口标准。每个蒜头有蒜瓣12～13个，分2层排列，外层6～7瓣，内层5～7瓣，外层蒜瓣肥大且瓣形整齐，内层蒜瓣较小且不整齐，平均单瓣重4.5克左右。蒜衣1层，淡红黄色，基部带紫色条斑膜，较薄，有光泽，易剥离。蒜瓣形状较独特，腹面的上部隆起，下部凹入，容易与其他品种区别。肉质较疏松，辛辣味较淡。抽薹率一般为60%～65%，高者可达80%左右。蒜薹黄绿色，总苞基部与蒜薹相连处呈紫红色，组织较疏松，采收蒜薹后的残桩细而软。蒜薹长45厘米左右，直径0.7厘米，单薹重13克，纤维少，品质优。生育期260天左右。休眠期短，不耐贮藏。一般亩产蒜头1 700千克左右，蒜薹150千克左右；高产田蒜头每亩产量可达2 500千克，蒜薹200千克。不发生外层型二次生长，只有轻度的内层型二次生长发生。从苏联红皮蒜中定向选育而成的新品种有山东的鲁农大蒜、河南的宋城大蒜和江苏的徐州白蒜。

（10）伊宁红皮大蒜 新疆伊宁县地方品种，属低温反应敏感型。株高约90厘米，株幅43厘米。假茎长26厘米，直径1.6厘米。单株叶片数11～12片，最大叶长69厘米，最大叶宽3.7厘米。蒜头近圆形，横径5厘米左右，外皮紫红色，平均单头重50克左右。每个蒜头有蒜瓣6～7个，分2层排列，内、外层蒜瓣数及蒜瓣大小差异不大，瓣形肥大而整齐。蒜衣1层，紫褐色，平均单瓣重 6.6 克。虽然抽薹率可达 100%，但蒜薹短而细，产量不高。

（11）江孜红皮蒜 西藏江孜县地方品种，属低温反应敏感型。株高 80 厘米左右，株幅 23 厘米。假茎高 35 厘米，直径 1.2 厘米。单株叶片数 13 片，最大叶长 51 厘米，最大叶宽 2.1 厘米。蒜头扁圆形，横径 6 ~ 7 厘米，形状整齐，外皮灰白色带紫色条纹，平均单头重 75 克，大者可达 100 克。有蒜瓣 7 ~ 9 个，分 2 层排列，内、外层蒜瓣数相近，外层蒜瓣略大于内层，平均单瓣重 9.2 克。蒜衣 2 层，紫红色，容易剥离。

（12）蔡家坡红皮蒜 又名火蒜，陕西省岐山县蔡家坡镇地方品种，是该县驰名省内外的大蒜良种，该县也是陕西省生产蒜种的重要基地。株高约 85 厘米，株幅 30 厘米左右。假茎高 33 ~ 34 厘米，直径 1.5 ~ 1.6 厘米。单株叶片数 12 ~ 13 片，最大叶长 63 厘米，最大叶宽 3.2 厘米，叶色深绿。蒜头扁圆形，横径 4.5 ~ 6.0 厘米，外皮浅紫红色，平均单头重 25 克左右。每个蒜头有蒜瓣 8 ~ 12 个，分 2 层排列，内、外层蒜瓣数及单瓣重差异不大，瓣形整齐，平均单瓣重 2 克左右。蒜衣 2 层，淡紫色。抽薹性好，蒜薹粗而长，长约 45 厘米，直径约 0.8 厘米，抽薹率 100%，抽薹期较整齐，上市早，品质佳。该品种主要用作早蒜薹栽培，同时因生长快、叶片肥大、假茎粗而长，还适宜作早蒜苗（越冬蒜苗）栽培。

（13）中蒜 1 号 中国农业科学院蔬菜花卉研究所选育而成的新品种。紫皮蒜，中晚熟，植株生长势强，株高 80 ~ 120 厘米，叶片数 8 ~ 11 片，最大叶长 60 ~ 70 厘米，叶宽 3 ~ 4 厘米，假茎高 39 ~ 48 厘米，假茎直径 1.7 ~ 2.4 厘米，鳞芽数 7 ~ 10 个，单头重 80 ~ 125 克（图 2–4）。大蒜辣素含量 1.82%（干重），维生素 C 含量 0.375 毫克 / 克，可溶性糖含量 4.65%。产量高，综合抗病虫能力强，抗倒伏，耐寒性强，适合北京及华北露地越冬栽培。鳞茎为主要食用器官，整株适宜作青蒜栽培，薹可兼用。

图 2-4　中蒜 1 号

（14）威宁紫皮大蒜　是从贵州省威宁彝族回族苗族自治县中水镇地方大蒜品种中提纯复壮而成的常规品种，以薹用为主。生育期 230 天左右，中早熟。株型直立，平均株高 110 厘米，株幅 23 厘米。平均叶片数 11 片，叶色深绿，有蜡粉。蒜薹丰产性好，平均薹长 73 厘米，直径 0.83 厘米，薹重 38.3 克。蒜头近圆形，外皮有紫色条纹，鲜蒜头平均横径 6.1 厘米，重 41.4 克。蒜瓣肥大，汁多，每头 9~12 瓣，辛辣味浓。

（15）豫蒜一号　苏联红皮蒜二号的后代品种中选择变异株选育而成。株型半直立，株高 70 厘米，株幅 40 ~ 50 厘米，叶片挺直度半下垂，叶长 40 ~ 50 厘米，叶宽 3.0 ~ 4.0 厘米，叶色浓绿，叶面蜡粉多，叶片数 11 ~ 14 片，叶鞘色白，假茎高 20 ~ 30 厘米，假茎直径 1.5 ~ 2.0 厘米，假茎横切面圆形。抽薹率 90% 以上，薹茎长 30 ~ 40 厘米，单薹重 8.0 ~ 12.0 克。鳞茎扁圆球形，皮色紫红，横径 5.0 ~ 7.0 厘米。蒜头肥大，单头重 80 ~ 120 克，鳞芽数 10 ~ 13 个，排列规则二轮，保护叶双层，肉色白。晚熟品种，生育期 215 天，生长势旺，抗寒性好，抗锈病、抗紫斑病，虫害如赤眼蕈蚊、蒜蛆、刺足根螨发生危害率低。适宜在河南省豫东、豫西、豫南、豫北等露地栽培。

（五）栽培

1. 栽培季节与茬口

大蒜主要食用蒜头、蒜薹和青蒜。蒜头和蒜薹生产一般都在露地进行，一年只生产一季。按照播种时期可分为秋播种植和春播种植，北纬 35° 以南的地区，冬季平均最低气温一般在 –6 ℃以上，大蒜可以在露地越冬，多选择秋播，翌年初夏收获。适宜秋播的地区主要包括华南、华中、河南、山东禹城以南、陕西关中及陕南、山西临汾以南及河北省南部。北纬 35° 以北的地区，冬季平均最低气温一般在 –10 ℃以下，大蒜在露地不能安全越冬，多实行春播，当年夏季收获。适宜春播的地区主要包括陕西省北部、山西省临汾以北、河北省北部及甘肃、宁夏、青海、新疆、吉林、辽宁、黑龙江、内蒙古和西藏。

青蒜也是大蒜的主要产品，但它不能与蒜薹和蒜头兼收，可以在露地或保护地里栽培，除炎热的夏季外，一年三季都可以生产供应。北方有立冬前上市的早蒜苗（7 月下旬至 8 月下旬播种，10 月上旬陆续上市）和早春上市的晚蒜苗（9 月上旬至下旬播种，翌年 1—3 月份陆续上市）两个主要露地栽培季节。采用保护地栽培，可解决冬春季节青蒜市场供应，弥补隆冬蔬菜淡季，蒜农也可获得较高的经济效益。保护地栽培的形式多种多样，主要有温室床式栽培、温室畦栽、温室架式栽培、塑料拱棚畦栽等形式。架式栽培在温室内设置多层栽培架，架上采用无土轻基质或复合轻基质栽培。床式栽培一般多用沙子或沙土混合基质。床式和架式栽培多采用高密度栽培、多次收割的配套技术。保护地内畦栽与露地畦栽的基本形式相同，都在土壤里种植，大都是一次收获。只是保护地栽培有了温室或拱棚的保护设施，由于这些保护设施可以创造青蒜苗生长的适宜条件，每茬栽培生长期都较短，可随时播种，播后 20 ~ 30

天收获一茬，也可连续收获2茬。因此，保护地青蒜栽培的季节主要依据市场需求确定。

大蒜忌连作，若每年在同一块地里种大蒜或与葱蒜类蔬菜重茬，则病虫害严重，出苗率低、植株细弱、叶片发黄，蒜薹和蒜头产量降低，秋播大蒜的前茬以小麦、大麦、玉米、高粱、瓜类、豆类、马铃薯、番茄、茄子及甘蓝类蔬菜为宜。春播大蒜的前茬以豆类、瓜类及茄果类蔬菜较好，因为这些蔬菜的施肥量较多，土壤较肥沃，对大蒜生长有利。秋播大蒜和春播大蒜的后茬多为秋菜。

2. 播种

（1）播种期 大蒜播种期是否适当，对蒜薹和蒜头产量与质量都有很大影响。播种过早，由于温度高，种瓣发芽慢，出苗期长，幼苗在冬前生长过旺，抗寒力下降，生长后期下部叶片枯黄，植株早衰，从而减弱大蒜鳞茎肥大期的光合作用和养分积累，使蒜头变小；播种过晚，越冬时苗小，积累的养分少，抗寒力下降，全生育期特别是营养生长期缩短，叶片数减少，叶面积也较小，所以蒜头小，产量低，蒜瓣数减少，甚至出现独头蒜，此外，抽薹率也会降低，蒜薹产量也会减少。

大蒜适宜的秋播时期因地区、品种、栽培方式及栽培目的等而异。确定适宜播种期的基本原则有两条：一是满足种瓣萌发所需的适宜温度（16 ~ 20 ℃）；二是越冬期具有5 ~ 7片展开叶，可以安全越冬。采用地膜覆盖栽培的大蒜，适宜播种期应比不盖地膜的晚5 ~ 10天，否则，因地温高，出苗慢，种瓣易在土中腐烂。

以生产蒜薹为主时，为了解决蒜薹集中上市价格低的问题，多采用早、中、晚熟品种配套，分期播种、分期上市的办法。以生产青蒜和蒜黄为主时，每年9月份至翌年4月份均可播种，还可利用保护设施视市场需求组织生产。

春播大蒜一般在上层土壤化冻后，日平均气温稳定上升到3～5℃，达到大蒜发芽所需低温界限时，便可播种。适期早播可以延长生育期，提高产量。但也不可过早播种，否则蒜瓣在-1℃以下的低温下容易受冻，丧失发芽力，造成大量缺苗，而且容易发生“马尾蒜”。播种过迟，植株生长势弱，生育期缩短，在高温、长日照条件下容易形成独头蒜、少瓣蒜或无薹分瓣蒜。我国一些重要大蒜产区的播种期和收获期参见表2-1。

表2-1　全国大蒜主要产区主要品种播种期及收获期

产区	播种期	蒜薹收获期	蒜头收获期
广东	10月上旬	2月下旬	3月上中旬
广西玉林	10月上旬	2月下旬	3月上中旬
云南曲靖	8月下旬至9月上旬	3月下旬	4月上旬
贵州毕节	8月中下旬	5月中下旬	6月中下旬
四川成都	8月上中旬	11月下旬	2月中下旬
	8月下旬至9月上旬	3月上中旬	4月上旬
江苏太仓	9月下旬至10月上旬	4月下旬至5月上旬	5月下旬
湖北襄樊	8月下旬至9月上旬	3月中旬至4月上旬	5月上中旬
河南中牟	9月中下旬	5月上旬	5月下旬
山东苍山、金乡、济宁	9月下旬至10月上旬	5月上中旬	5月下旬
江苏邳州	9月下旬至10月上旬	4月下旬至5月上旬	5月下旬
陕西岐山	9月中下旬	4月中旬	5月下旬
山西太谷	9月中旬	5月下旬	6月下旬

续表

产区	播种期	蒜薹收获期	蒜头收获期
新疆昭苏	10 月上旬	7 月中旬	8 月中旬
辽宁开原	3 月下旬至 4 月上旬	6 月中旬	7 月中旬
西藏拉萨	3 月上中旬	7 月上中旬	8 月下旬

（2）种瓣选择与处理 种瓣的大小对大蒜幼苗期的生长和健壮程度影响极大，种瓣的选择应首先在收获时选择符合本品种特征、叶片无病斑、蒜头外皮色泽一致、蒜头肥大圆整、外层蒜瓣大小均匀的单株留种，单独贮藏。播种前掰瓣时再选择无霉变、无伤残、无病虫、瓣形整齐、蒜衣色泽符合原品种特征、质地硬实的蒜瓣。然后将入选蒜瓣按大小分级。一般按重量分为大、中、小 3 级，各级蒜瓣的重量因品种而异，如苍山大蒜的大瓣重 6 克以上，中瓣重 4 ~ 5 克，小瓣重 2 ~ 3 克。以生产蒜头和蒜薹为目的时，应选择大蒜瓣和中蒜瓣，小蒜瓣可作为蒜苗生产用。

掰瓣应在临近播种时进行，不宜过早，防止蒜瓣干燥失水，影响出苗。掰好的蒜瓣在播种前还应做以下处理：

① 去茎踵：蒜瓣基部的干燥茎盘（茎踵）影响吸水，妨碍新根的发生，在选择蒜种的同时要将茎踵剥掉，以利发根出苗。有的春播地区还有同时将瓣衣剥除的做法，但比较费工。在盐碱地种植大蒜时，为了防止返碱对种瓣的腐蚀，建议不要剥去瓣衣。

② 浸种：播种前 1 天，将蒜瓣放入 40 ℃温水中浸泡 24 小时，并在此期间换水 2 ~ 3 次。经过浸种的蒜瓣，茎踵被泡烂并吸足了水分，播种后可比用干燥瓣播种的提早 5 ~ 7 天出苗，而且蒜头的收获可提高 8 ~ 9 天。但需注意，经过浸种处理的蒜瓣只宜湿播，不宜干播。

③ 药剂浸种：用 50% 多菌灵可湿性粉剂或 70% 代森锰锌可湿

性粉剂，加水配成500倍稀释水溶液，可有效防止大蒜头表面病菌滋生并蔓延，保护母瓣，减少烂瓣，减少病害发生。用80%敌敌畏乳油800～1 000倍稀释液喷雾或原液熏蒸，可有效杀灭地蛆等害虫。同时药剂浸种后，种蒜吸收水分，对出苗生根也有促进效果。将种瓣浸泡24小时后捞出，晾干表面水分，立即播种。

（3）播种密度 大蒜的播种密度与品种特性、土壤肥力、栽培方式，尤其是种瓣的大小有关。一般来说，以采收蒜头、蒜薹为目的时，蒜头大的品种，需要较大的空间和营养面积，可适当稀植，每亩5万～6万株。选用大蒜瓣播种时，因其所含营养物质较丰富，播种后根系发达，植株生长旺盛，假茎较粗，叶片数较多，单株叶面积较大，也可适当稀植。土壤肥沃，植株长势旺盛，蒜头较大，可适当减少种植株数；土壤贫瘠，植株长势较差，蒜头较小，可适当增加种植株数。在相同的肥力条件下，适期早播的可稀植；播种期偏晚的可适当密植。

地膜覆盖栽培的大蒜，植株生长旺盛，应种稀一点，每亩3万株左右；外贸出口种植基地对大蒜头大小有严格要求，为使直径5厘米以上的蒜头达90%以上，每亩种植株数可下降到2.5万株左右。

播种密度不但影响蒜薹和蒜头产量，而且对质量也有影响。密度太高时，蒜头变小，蒜瓣平均重量下降，小蒜瓣比例增多，虽然单位面积产量有可能增高，但蒜头和蒜瓣质量下降；相反，密度太低时，蒜头增大，蒜瓣平均单重增加，但由于单位面积的株数减少，单位面积产量随之下降。

以收获青蒜或蒜黄为目的的分两种栽培形式：露地栽培，一般每亩种植12万～15万株，行株距为（10～12）厘米×（3～5）厘米，每亩用种量为200～350千克；保护地栽培，要求播种时1

瓣紧挨 1 瓣摆齐挤紧，每平方米播种 14 ～ 15 千克。

（4）地膜覆盖大蒜 利用地膜覆盖栽培技术有显著的增产作用，大蒜利用地膜覆盖后，有如下明显的效应：

① 改善了环境条件。地膜覆盖后，在冬前可提高 5 厘米处的地温 2 ～ 3 ℃，由此加速大蒜冬前幼苗的生长，使秧苗健壮，抗寒力强。加上冬季地温较高，故因越冬低温导致的冻死率大大减少。翌春，地温高 2.6 ～ 3.7 ℃，使大蒜幼苗返青早，生长快，植株生长量大，叶面积大，为丰产奠定了基础。地膜的不透水性，降低了土壤水分蒸发量，有利于土壤的保墒防旱，所以大蒜进行地膜覆盖后，可以减少浇水次数，土壤墒情适宜，早春避免了浇水降低地温之弊，为植株生长创造了有利条件。大蒜进行地膜覆盖后还减轻了病虫害的发生，因为地膜阻挡了种蝇向蒜根周围产卵，从而减少了根蛆危害。地膜覆盖也抑制了杂草的发生和危害。

② 促进了大蒜的生长发育。由于环境条件的改善，大蒜在地膜覆盖条件下，植株生长健壮，根系发达，叶面积大。

③ 早熟和高产。由于地膜覆盖的增温效应，所以大蒜经地膜覆盖栽培后，抽薹期可提前 6 ～ 10 天，成熟期提前 5 ～ 8 天。早熟为提前腾地创造了条件，可有效调节下茬作物的栽培期。利用地膜覆盖，大蒜可增产蒜薹 55.35%，增产蒜头 44.80%。

（5）播种方法

① 平畦播种法：一般采用开沟播种。方法是：先做成宽 1.3 ～ 1.4 米的平畦，然后从畦的一侧开第一条沟，沟深 5 ～ 6 厘米，按一定株距将种瓣摆放在沟中。再按一定的行距开第二条沟，用开第二条沟的土将第一条沟中的种瓣埋住，如此顺序进行。全畦播完后将畦面耙平并轻轻拍实，使种瓣与土壤密接，以利根系吸水，同时可防止灌水时将种瓣冲出土面，造成缺苗断垄。全田播完后灌水。

② 高垄播种法：有干栽和坐水栽两种方法。干栽法又有先做垄后播种和先播种后做垄两种方法。前者是在做好的高垄上开沟，摆好瓣，覆土，然后向垄沟中灌水。后者是在整平的土地上按宽窄行开沟，宽行距离 43 厘米，窄行距离 20 厘米，沟深 1.5 厘米，按株距将种瓣摆在沟中，然后在宽行的两侧取土盖在蒜种上，做成高垄，则原来的宽行变成垄沟，原来的窄行变成高垄，向垄沟中灌水。坐水栽蒜也按宽、窄行种植。先在窄行中开沟，沟宽 20 厘米，深 3 厘米，从沟中灌水，待水渗下后，按水印在沟的两侧各栽 1 行种瓣，再从宽行中取土将种埋住，并形成高垄。原来的宽行变成垄沟，成为以后的灌水沟。坐水栽时灌水量较小，可减轻早春大水漫灌使地温降低的弊端。同时，土面覆盖的是疏松的干土，可减少土壤水分蒸发，有利保墒，所以出苗较早，苗生长较整齐。春播地区用此法播种，效果较好。

③ 高畦播种法：地膜覆盖栽培时，一般采用高畦播种。可以先播种后盖膜，也可以先盖膜后播种，后一种方法播种时用工较多，目前多采用前一种方法。整地后做宽 70 ~ 100 厘米、高 10 厘米左右的高畦。播种时，在高畦上接行距开沟，沟深 6 ~ 7 厘米，摆种瓣后覆土，将沟埋平，搂平畦面，然后盖膜。每畦播 4 ~ 5 行。地膜选用宽 1 米左右，厚 0.12 ~ 0.15 毫米的聚乙烯薄膜。

无论采用哪种播种方法，为了达到苗齐、苗壮，都要注意播种沟深浅一致，蒜瓣大小一致，覆土厚薄一致。另外，在摆蒜时，将蒜瓣背腹连线与播种行的方向平行，则出苗后植株叶片的分布方向就与播种行的方向垂直，这样可以减少叶片间的重叠，使叶片能接受更多的阳光，增加光合产物的积累。

（6）喷洒除草剂　秋播大蒜种植多在 9 月中下旬，此时气温适宜各种杂草生根发芽。杂草出苗后随着气温的下降，生长缓慢，冬前危害不大，但春季返青后多数杂草生长速度超过大蒜，若不及时处理则后患无穷。由于大蒜行株间距都较窄，给人工锄草带来一定困难，尤其在地膜覆盖的情况下，膜下杂草难以拔除，会把膜顶起，失去了覆膜作用，其更大的危害是与大蒜争夺养分。因此，大蒜播种后至出苗前应及时喷洒除草剂，等 10 多天后除草剂已发挥作用，大部分杂草已被杀灭，剩余的少量人工拔除后再盖上地膜。

使用除草剂时要求土壤湿润，有利于草籽发芽，才能充分发挥除草剂的除草效果。另外，使用某些除草剂，如果尔、恶草灵等，可能会导致蒜叶上出现一些褐色或白色的斑点，但这种情况 5 ~ 7 天即可恢复正常，对大蒜无不良影响。

（六）田间管理

大蒜的生长发育（图 2-5）分为 6 个时期，其中前 5 个时期是在田间度过的。各生育期有其自身的规律性和对环境条件的不同要求，生产者必须根据不同生长发育时期，进行田间管理工作。肥料的使用原则和选择种类可以参考洋葱，下面以秋播大蒜为主加以说明。

图 2-5　大蒜生长发育示意

1. 出苗期

此期田间管理的中心任务是保证土壤中有充足的水分和氧气，为蒜瓣的萌发和出土创造条件，达到早出苗、苗全、苗齐的目的。播种后立即灌水使蒜种与土壤密切接触，并供给萌芽所需水分。如果出苗前土壤表面板结，可轻灌水，防止土壤因板结缺氧而妨碍出苗。但出苗前土壤也不宜太湿，否则会因缺氧造成烂根、烂母、闷芽等情况发生。所以，播种后如遇大雨，田间积水时，应及时排水。幼芽顶不破地膜的要人工帮助破膜引苗出膜。这期间的大蒜生长完全依靠种瓣中贮存的营养供给长根、发芽、展叶，无需外界补充养分。

2. 幼苗期

秋播大蒜不同品种间幼苗期的长短有很大差异。据陆帼一等观察，9 月中旬播种时，极早熟品种（四川成都五凤蒜和金堂早蒜）的幼苗期仅为 20 多天，10 月中下旬幼苗期结束；早熟品种（二水早）的幼苗期为 30 天左右，11 月上旬幼苗期结束；中熟品种（苍山大蒜、上海嘉定蒜等）的幼苗期为 80 天左右，12 月下旬幼苗期结束；晚熟品种的幼苗期长达 5 个多月，翌年 4 月上旬幼苗期结束。幼苗长势的强弱关系到花芽和鳞芽能否正常分化，因此，幼苗期长短不同的品种，在追肥和灌水时期的掌握上也应有所区别。幼苗期短的极早熟品种和早熟品种在苗出齐后便可开始追肥和灌水，中、晚熟品种可在 3 叶期和越冬前各追肥 1 次。

秋播大蒜的幼苗期一般是在冬季度过的，田间管理的中心任务是培育壮苗，确保幼苗安全越冬。措施是：幼苗长出 2 ～ 3 片叶后，每亩追施尿素 15 千克或碳酸氢铵 30 千克。有条件的地区可在灌越冬水后覆盖稻草等，保墒保温，以利幼苗安全越冬。

春播大蒜的幼苗期，不同品种间也有差异，一般在30天左右。幼苗期短，退母快，幼苗由异养很快过渡到自养阶段，再加上春季升温快，若土壤养分、水分不足，则会因缺水脱肥出现抑长现象。所以春播大蒜应当结合当地春季气温变化状况抓好早追肥、早浇水、勤中耕，以促进幼苗生长。

3. 花芽、鳞芽分化期

对低温反应不敏感的苍山大蒜等中熟品种当展开叶达到7～8片时，生长锥开始花芽分化，随后内层1～3叶腋处鳞芽分化；而早熟的二水早等品种当展开叶达6片时，花芽和鳞芽开始分化。但同一品种的花芽和鳞芽分化结束期却很相近，所以不同品种间这一生育期的长短仍有较大的差异。秋播地区，极早熟品种为35～40天，早熟品种为110天左右，中熟品种为120天左右，晚熟品种为130天左右。春播地区的大蒜一般需要10多天。花芽和鳞芽分化期间，叶片加速生长，假茎继续增粗，根系生长量加大，对肥水的吸收量逐渐增加，特别是对氮和钾的吸收量迅速增加，所以水肥的及时供应至关重要，水、肥供应不足或不及时，会妨碍花芽和鳞芽的分化发育。

秋播大蒜于翌年春暖返青后，结合灌水施返青肥，每亩施尿素10千克或碳酸氢铵20千克或氮、磷、钾复合肥30千克，为幼苗返青后的旺盛生长提供充足的水分和营养。秋播大蒜中的极早熟和早熟品种以及南方冬季比较温暖的地区，可提早追肥和灌水。春播大蒜花芽、鳞芽分化发育期短，水肥管理尤为重要，如养分、水分供应不足，就会影响叶面积的扩大和根系的生长，并直接影响大蒜和蒜薹的质量和产量，甚至会因植株长势过弱，形成独头蒜。

4. 蒜薹伸长期

秋播大蒜花芽分化结束期一般在早春，此时温度尚低，所以蒜薹的伸长开始很缓慢。早熟品种一般当旬平均气温上升到 5 ℃以上时，中熟、晚熟品种一般当旬平均气温上升到 10 ℃以上时，蒜薹生长加快，对肥水需求量随之增加。蒜薹生长旺盛期，也是大蒜一生中生长量最大的时期。在此期间，田间管理重点是抓紧追肥和灌水，以满足蒜薹生长的需要，并为蒜头的肥大打下基础，防止蒜头肥大期缺肥及植株早衰。具体措施是：当蒜薹露尾（总苞尖端伸出叶鞘）时，结合灌水每亩施尿素 20 ~ 25 千克。以后土壤要经常保持湿润状态，采收蒜薹前 3 ~ 4 天停止灌水，以免蒜薹太脆，采收时易折断。春播大蒜因生长期短，花芽、鳞芽分化后气温适宜，更要抓紧追肥和灌水，以确保优质高产。

5. 鳞茎膨大期

采收蒜薹后，植株的根、茎、叶生长逐渐衰退，植株生长减缓，但鳞茎膨大进入旺盛时期。据测定，蒜头重量的 85% 是在收薹后 20 多天内形成的。在此期间不必再施追肥，以免茎叶徒长，使蒜头晚熟，而且不耐贮藏，但应经常小水勤浇，保持土壤湿润，降低地温，促进蒜头肥大。蒜头收获前 5 天停止灌水，防止因土壤太湿造成蒜头外皮腐烂、散瓣及不耐贮藏等问题。

（七）大蒜在生产中存在的问题及解决途径

大蒜生产中存在的问题很多，有的属于生理异常现象，有的属于栽培技术不当；有的带有普遍性，有的则是在少数地区、少数年份发生。其中发生最普遍、对大蒜生产影响最大的问题是二次生长，其他还有裂头散瓣、抽薹不良、出现“葱头蒜”“瘫苗”“干梢”“管叶”“开花蒜”“变色蒜”及“棉花蒜”等。

1. 二次生长

在大蒜生长发育过程中，常会出现鳞茎延迟进入休眠而再次分化、生长，形成次级植株，甚至产生次级蒜薹和次级鳞茎，这种现象称为大蒜的二次生长。发生二次生长的大蒜，蒜头畸形、蒜瓣增多、变小，鳞茎松散、排列错乱，易松散脱落，严重影响大蒜的产量和品质。在我国秋播蒜区和春播蒜区，大蒜二次生长现象都相当普遍，发生严重的年份，有的蒜区二次生长发生率高达80%以上。

陆帼一等对大蒜二次生长进行了比较系统深入的调查研究，发现大蒜二次生长有不同的类型，发生的原因错综复杂，初步找到了一些综合防治措施。

（1）大蒜二次生长类型 根据二次生长在大蒜植株上发生的部位，可分为以下3种类型：

① 外层型二次生长：大蒜植株外层叶片的叶腋中萌生1至数个鳞芽，鳞芽延迟进入休眠而继续分化和生长，形成独瓣蒜，或没有花薹的分瓣蒜，或有花薹的分瓣蒜，结果在蒜头的外围着生一些排列错乱的蒜瓣或小蒜头，使整个蒜头成为畸形。这种类型的二次生长对商品品质的影响最大。

② 内层型二次生长：在大蒜植株内层叶片的叶腋中，正常分化的鳞芽延迟进入休眠，鳞芽外围的保护叶继续生长，从植株的叶鞘口伸出，形成多个分杈。有的分杈发育成正常的蒜瓣；有的分杈发育成分瓣蒜，其中有少数分瓣蒜还形成了花薹。轻度的内层型二次生长对蒜头的外形影响不大，发生严重时，蒜薹变短，薹重降低，蒜瓣排列松散，蒜头上部易开裂。所形成的分瓣蒜外观酷似一个肥大的正常蒜瓣，常被选作蒜种，但播种后由一个种瓣中长出2至多株蒜苗，从而影响所生蒜头的产量和质量。

③ 气生鳞茎型二次生长：蒜薹总苞中的气生鳞茎延迟进入休眠期而继续生长成小植株，甚至抽生细小的蒜薹。发生气生鳞茎型二次生长的植株，常使蒜薹短缩，丧失商品价值，但对蒜头本身的影响不大。这种类型的发生率一般很低。

除了上述 3 种基本的二次生长类型外，有时在同一植株上还会出现两种类型混合发生的情况。

（2）大蒜二次生长原因 大蒜发生二次生长的原因主要有以下 8 个方面：

① 品种遗传性：大蒜二次生长类型及发生的严重程度与品种遗传性有关。归纳起来有以下 3 种情况：

一是只发生内层型二次生长，不发生外层型二次生长的品种，如“苏联红皮蒜”系统的品种（如徐州白蒜、鲁农大蒜、宋城大蒜等）、上海嘉定白蒜、新疆伊宁红皮蒜、乐都大蒜、江苏太仓白蒜、内蒙古土城小瓣、土城大瓣、延安白皮、银川紫皮、白皮狗牙蒜、黑龙江阿城白皮、阿城紫皮、广西紫皮等。

二是内层型及外层型二次生长均可发生的品种，如金堂早、二水早、蔡家坡红皮、苍山大蒜、普陀大蒜、商县黑皮、白河白皮、襄樊红蒜、毕节大蒜、山西紫皮、宝鸡火蒜等。

三是不发生二次生长的品种，如陕西宁强山蒜、广东新会火蒜、广东金山火蒜、广东普宁大蒜等。其中的宁强山蒜如果在播种前将种瓣用 5 ℃低温处理 40 天或者在鳞茎分化期至收获期给予 8 小时短日照处理，均会发生内层型二次生长。

所以生产者选用大蒜品种时，在了解品种丰产性和商品性的同时，还应了解其二次生长情况，尽量选择不易发生二次生长，特别是不易发生外层型二次生长的品种。

大蒜二次生长类型主要取决于品种的遗传性，但不同品种间的遗传稳定性存在差异。一般只发生内层型二次生长、不发生外层型二次生长的品种及不发生二次生长的品种，遗传性较稳定，在田间栽培条件下，在不同年份中，均可保持其遗传特性。而内层型和外层型二次生长均可发生的品种，遗传性不够稳定，有时二者同时发生，有时只发生外层型二次生长或只发生内层型二次生长。至于二次生长发生的严重程度则与栽培技术和气候状况有密切关系。

② 蒜种贮藏期间的温度：蒜种贮藏期间的温度对二次生长有显著影响，低温有促进作用，但不同品种对低温的反应程度有差异。

秋播地区的大蒜从苗期到花芽、鳞芽分化发育期都会遇到低温和冷凉条件，因此蒜种即使不进行低温和冷凉处理，也有发生二次生长的可能，只是发生的严重程度较进行过低温和冷凉处理的要轻一些。

春播地区蒜头收获后要贮藏到翌年3—4月份播种，为了使蒜头不致受冻，贮藏场所的最低温度多控制在0 ℃左右，在长达7~8个月的贮藏期间以及早春露地播种后的一段时间，都具备诱发二次生长的低温和冷凉条件。

③ 播种期：国内有关大蒜二次生长的报道，多认为播种期早是发生二次生长的重要原因之一。据多年的调查研究，发现播种期与二次生长的关系因品种、蒜种休眠程度、蒜种贮藏环境、播种后出苗快慢以及土壤湿度的不同而异，而且播种期早晚对同一品种不同的二次生长类型的影响也不尽相同。

在外层型和内层型二次生长均可发生的品种中，如蔡家坡红皮蒜，在陕西关中地区，较正常播种期（9月中下旬）提早播种，同时蒜种的休眠期已结束，播种后出苗快，苗的长势强时，外层型二次生长发生严重；如果播种期提早，但蒜种尚在休眠状态，导致播种后迟迟不出苗，苗的长势弱，则早播并不会造成外层型二次生长的大发生。容易发生内层型二次生长的品种，如苍山大蒜，在陕西关中地区，播种期早晚对外层型二次生长的发生无显著影响，但在10月中旬以前，晚播比早播更容易发生内层型二次生长。如果蒜种经过冷凉处理并且提早播种，则会促进外层型和内层型二次生长的发生。

播种期对二次生长的影响与土壤湿度有关，陆帼一以苍山大蒜为试验材料，进行的播种期与土壤湿度双因子试验结果表明，播种期和土壤湿度对外层型二次生长的发生影响不大，但对内层型二次生长的发生有影响。无论播种期早晚，当土壤湿度大（土壤相对含水量为90%）时，内层型二次生长发生株率比土壤湿度小（土壤相对含水量为50%）的极显著增高。当土壤湿度大且播种期早时，对内层型二次生长的发生更有利；播种期虽然早，但当土壤湿度小时，不利于内层型二次生长的发生（图2-6）。

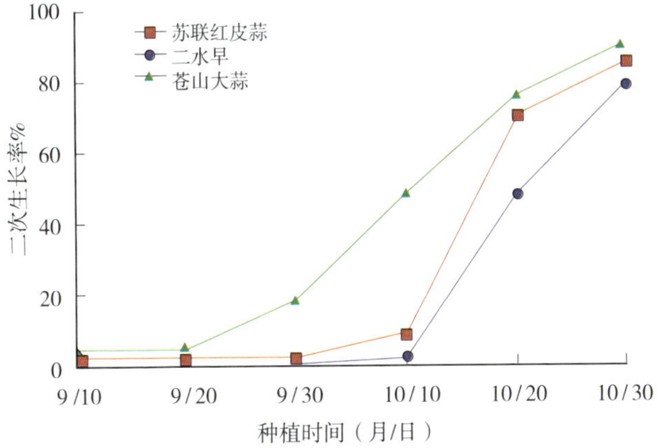

图2-6　不同播种期对大蒜二次生长率的影响
（资料来源：韩宇，2022）

在调查研究播种期与大蒜二次生长的关系时，应综合考虑上述各种因素，从而确定当地的适宜播种期。当然，大蒜适宜播种期的确定，既要考虑防止二次生长的需要，又要兼顾生产目的的需要。在以外贸出口为主的大蒜产区，为了达到出口质量标准，播种期的确定应以防止二次生长、提高蒜头质量为主要依据。

④ 蒜瓣大小：国内外有关蒜瓣大小与二次生长的关系，有 3 种不同的报道：一是大蒜瓣的二次生长株率比小蒜瓣高；二是小蒜瓣的二次生长株率比大蒜瓣高；三是蒜瓣大小与二次生长之间没有多大关系。1992 年，以苍山大蒜为试验材料的研究结果表明，蒜瓣大小与二次生长间的关系，因播种前蒜种贮藏条件和种植密度不同而不同。

在室温下贮藏的蒜种中，大蒜瓣（重 3 ~ 4 克）比小蒜瓣（重 1 ~ 2 克）更容易发生外层型二次生长，而蒜瓣大小对内层型二次生长的发生没有显著影响。播种前 25 ~ 30 天进行冷凉处理（温度为 16 ~ 17 ℃，空气相对湿度为 95%），蒜瓣愈大，外层型二次生长愈严重；而小蒜瓣一般比大蒜瓣容易发生内层型二次生长（图 2–7）。

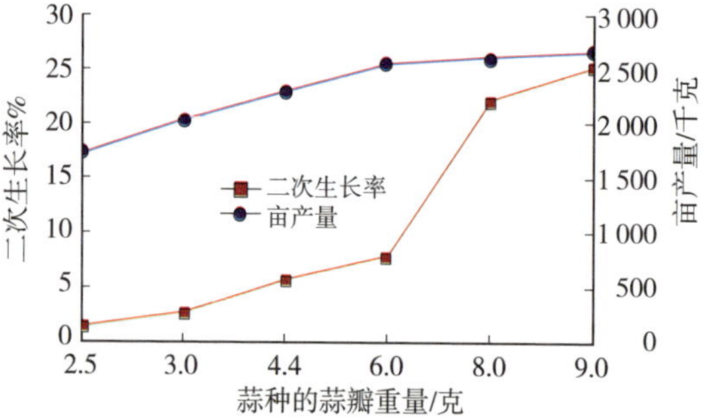

图 2–7　蒜种大小对大蒜二次生长率和产量的影响
（资料来源：韩宇，2022）

种植密度（行距 22 厘米，株距分 15 厘米、10 厘米和 7 厘米 3 种）对外层型二次生长的发生没有显著影响，但对内层型二次生长有显著影响。稀植（行距 22 厘米，株距 15 厘米）对内层型二次生长的发生有极显著的促进作用，而且较小的蒜瓣（重 1.0 ~ 4.5 克）比大蒜瓣（重 5 ~ 6 克）容易发生内层型二次生长；密植（行距 22 厘米，株距 7 厘米）时，内层型二次生长株率显著降低，而且蒜瓣愈小，内层型二次生长株率愈低。

总之，在研究蒜瓣大小与二次生长的关系时，应首先了解品种的二次生长类型，并综合考虑蒜种贮藏条件、种植密度等因素，根据生产目的选用适当大小的蒜瓣播种，以达到产量和质量的统一。

⑤ 灌水：灌水时期和灌水量对大蒜二次生长的发生有重要影响。全生育期，特别是鳞芽分化以后，灌水次数多，每次的灌水量又大，土壤湿度大（相对含水量为 80% ~ 95%），对外层型二次生长和内层型二次生长的发生都有促进作用，不过对前者的促进作用大于后者。土壤湿度小（相对含水量为 50%），外层型二次生长和内层型二次生长都不发生，但蒜薹和蒜头产量降低。

⑥ 施肥：在施用有机肥做基肥的基础上，氮肥的施用量和施用次数对二次生长也有影响。氮肥施用量大，二次生长株率增高。同样数量的氮肥，施用次数不同时，二次生长的发生情况也不同。据试验，每亩施尿素 30 千克，分别在播种期、退母期和返青期各施 1/3 的处理区，外层型二次生长和内层型二次生长都比分两次在播种期和退母期各施 1/2，或在播种期作为基肥施用的处理区增多。陕西大蒜产区的农民认为，早春大蒜返青后施用的速效性氮肥量愈多，二次生长问题愈严重。

⑦ 覆盖栽培：大蒜覆盖栽培有两种方式，一种是地膜覆盖栽培，另一种是塑料拱棚覆盖栽培，目前应用较普遍的是前一种方

式。生产实践证明，大蒜地膜覆盖栽培有增产增收的效果，但有时会出现二次生长增多，蒜头形状不整齐，蒜瓣数增多，蒜薹短缩、发育不正常等现象，究其原因是与地膜覆盖后土壤温度、湿度及养分的变化有关。

秋播地区，覆盖地膜后，土壤温度上升，含水量提高，有效养分增多，肥力增高。所以大蒜的整个生育进程都提前，植株生长旺盛，花芽和鳞茎分化期提前。花芽和鳞茎分化后常处于日照时间较短，土壤温度、湿度适宜及多肥等有利于二次生长发生的环境中，使二次生长增多。

春播地区由于同样的原因，植株生长旺盛，但经受的低温程度和低温持续期不足，花芽和鳞芽分化期推迟，蒜薹和蒜瓣发育异常，从而产生蒜薹短缩，苞叶过长，不能伸出叶鞘，二次生长增多，蒜头畸形，蒜瓣数增多等现象。

实行塑料拱棚覆盖栽培时，覆盖时间和去膜时间对二次生长都有影响，秋播大蒜早春盖膜时间早，去膜时间晚，二次生长增多（图 2-8）。

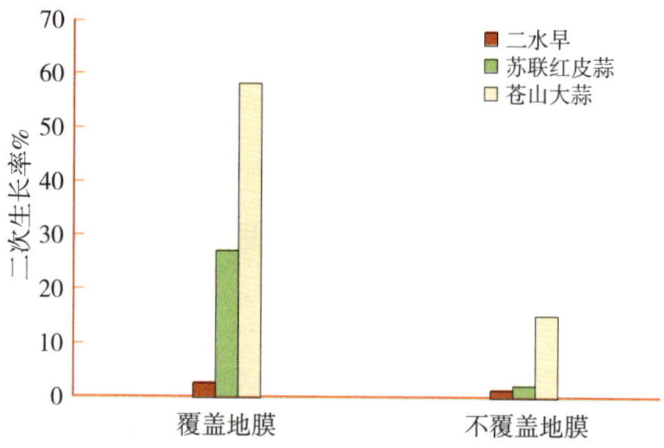

图 2-8　覆盖地膜对大蒜二次生长率的影响
（资料来源：韩宇，2022）

⑧ 气候变化：大蒜二次生长发生的程度，在不同年份往往有很大的差异。气候包括温度、降水、空气湿度、日照等因素，有关气候变化与二次生长关系的研究还很不够，根据现有研究资料来看，以花芽和鳞芽分化为中心的气候状况，对二次生长的发生有较大的影响。秋播地区冬季温暖，植株生长迅速，早春气温回升快，花芽和鳞芽分化早，分化后日照较短，如果又遇连续降温和降雨天气，土壤湿度大，温度低，鳞芽再次感应低温，再次分化出鳞芽和花芽，以后在长日照、高温条件下形成二次生长植株。

此外，大蒜在花芽和鳞芽分化期，如果地上部或地下部受到损伤，对二次生长有促进作用。

（3）防止大蒜二次生长的措施 大蒜产区，特别是商品蒜出口基地，对当地主栽品种的二次生长类型要有所了解。从外地引种时，最好进行以防止二次生长，特别是外层型二次生长为主要目的的品种试验。秋播地区可在栽种前将蒜种放在地道（16 ~ 17 ℃）或冰箱（0 ~ 5 ℃）中处理 30 天左右，并适当提早播种。收获时调查统计不同类型二次生长株率和指数，则可比较准确、快速地筛选出对诱发二次生长条件反应不敏感的品种。如果采用常规办法，连年种植观察，由于各年的气候条件不一定对二次生长的发生有利，所以不易正确判断其二次生长特点，而且费时费力。当然，大蒜品种的选择还要考虑生产目的及其他经济性状。

蒜种贮藏场所应保持 20 ℃以上的温度和 75% 以下的空气相对湿度。秋播地区宜在通风良好的室内挂藏，春播地区要解决蒜种贮藏期间低温期过长的问题。以生产商品蒜头为主要目的的，不可盲目提早播种，尤其是不可为了促进播种后快出苗而将蒜种进行冷凉处理或低温处理，应根据不同大蒜品种二次生长的特点，经过不同年份的田间试验，确定适宜播种期范围。对于容易发生外层型二次生长的品种，如蔡家坡红皮蒜，应适期晚播；对于易发生内层型二次生长的品种，如苍山大蒜，应适期早播。

根据不同品种的二次生长特性、不同的生产目的，选择大小适宜的蒜瓣播种，并采用适宜的种植密度。例如，苍山大蒜以生产商品蒜头为主要目的而选用大蒜瓣（重 5 克以上）播种时，要适当密植，行距 22 厘米，株距 10 厘米，大蒜瓣稀植时，对内层型二次生长的发生有促进作用；以生产蒜薹为主要目的时，采用行距 22 厘米，株距 7 厘米，不但可提高蒜薹产量，而且可减轻内层型二次生长的发生。

基肥采用有机肥和氮、磷、钾复合肥相结合。用速效性氮肥作追肥时，忌多次多量施用，特别是返青期要少施或不施速效性氮肥。全生育期，特别是花芽和鳞芽分化期，不要多次大量灌水。当然，大蒜的水、肥管理与其他技术措施一样，应将丰产与优质通盘考虑，争取在最大限度降低二次生长的同时，达到丰产丰收和优质的效果。

大蒜实行覆盖栽培时，应注意以下几点：

第一，秋播大蒜的播种期应比不覆盖栽培的推迟 5 ～ 10 天，避免苗期生长过旺，使花芽和鳞芽分化后处于温度持续升高和日照时间逐渐加长的环境中，有利于花薹和鳞芽的正常发育。春播大蒜的播种期应比不覆盖栽培的适当提早，使生育的各个时期提前，使分化后的花芽和鳞芽在高温、长日照条件来临以前有较充分的生长时间，以后在高温、长日照条件下顺利抽薹和形成鳞茎。

第二，施用长效性有机肥和化肥做基肥，在做畦时一次施入。氮肥用量较不覆盖栽培者减少 1/3 左右。磷肥、钾肥用量与不覆盖栽培相同。揭膜前不施追肥。

第三，采用塑料薄膜拱棚覆盖栽培时，无论秋播或春播，盖膜时间不宜太早，使苗期经受足够的低温，促进花芽和鳞芽分化。最好在花芽和鳞芽开始分化后盖膜，以提高棚内温度。与此同时，日照时间逐渐加长，花芽和鳞芽可正常发育。揭膜时间不可过迟，一般当气温稳定在 15 ℃以上且蒜薹即将露出总苞时，便可揭去棚膜或地膜。如果揭膜时间晚，会导致二次生长增多，同时花薹迅速生长时气温和地温过高，对花薹发育不利，畸形蒜薹增多。

第四，在田间操作时尽量避免对植株的地下部或地上部造成机械损伤。

2. 裂头散瓣

蒜头的外面原来是由多层叶鞘（蒜皮）紧紧包裹着，蒜瓣不易散裂，如果包被蒜头的叶片数少，蒜瓣肥大时会将叶鞘胀破；或叶鞘破损、腐烂，蒜瓣外部压力减小；或蒜头的茎盘发霉腐烂，蒜瓣与茎盘脱离。这些都会造成蒜头开裂、蒜瓣散落的情况发生。产生这种现象的原因主要有以下几个方面：

（1）品种特性 有的品种，蒜头的外皮薄而脆，很容易破碎。

（2）地下水位高，土质黏重 在地下水位高、土质黏重的地块种植大蒜，由于排水不良，土壤湿度大，叶鞘的地下部分容易腐烂，造成裂头散瓣。可采用高畦栽培或选择地下水位较低的壤土或沙质壤土栽培。在疏松土壤上实行地膜覆盖栽培时，应在蒜瓣萌芽期分两次将畦面轻轻拍实，然后覆盖地膜，使苗的生长稳定，以免蒜瓣露出地面，发生裂头散瓣。

（3）播种期不当 播种过早，在蒜头膨大盛期植株早衰，下部叶片多变枯黄，蒜头外围的叶鞘提早干枯，蒜头肥大时易将叶鞘胀破，造成裂头散瓣。播种过晚，花芽分化时的叶片数少，蒜头膨大时也容易将叶鞘胀破。播种期适宜时，花芽分化时有较多的叶片，可以较好地保护蒜头。

（4）田间管理措施不当 中耕、灌水、追肥不当都会引起裂头散瓣。秋播大蒜早春返青后，要浅中耕；蒜头膨大期应停止中耕，以免损伤蒜头外皮。蒜头收获前半个月左右，浇水过多、降雨过多或排水不良时，由于土壤湿度大，地温又高，蒜头外皮容易腐烂，造成裂头散瓣。所以，收获前应根据土壤墒情和天气情况，适当控制灌水，并做好开沟排水工作，降低土壤湿度。

植株生长期间要避免多次大量施用速效性氮肥，防止由于发生二次生长而造成裂头散瓣。已发生二次生长的植株要适当提早收获，否则易裂头散瓣。

（5）采收时期及方法不当 过早抽取蒜薹或抽蒜薹时蒜薹从基部断裂，造成蒜头中间空虚，也容易散瓣。蒜头采收过迟，蒜头外皮少而薄，特别是当土壤湿度大时，外皮易腐烂，茎盘易枯朽，造成裂头散瓣。除了要掌握蒜头成熟期标准外，蒜头收获后应及时将根剪去，则残留在茎盘上的根在干燥过程中呈米黄色，而且坚实紧密，对茎盘起保护作用，不易散瓣。

（6）蒜头收获后遇连阴雨 蒜头收获后遇连阴雨无法晒干时，如果堆放在室内，茎盘易霉烂，造成散瓣。量少时可将大蒜植株移至室内，蒜头朝上摆放在地上晾晒。量多时可将蒜头均匀平铺放在晾晒床上，不宜过厚，2~3 层蒜即可，上面用防雨布遮盖，周围挖排水沟，待雨停后立即揭开防雨布通风。

（7）贮藏方法不当 蒜头经晾晒后移至室内挂藏时，如果过于拥挤，而且离地面又近，在多雨季节蒜头会返潮，茎盘发霉腐烂，引起裂头散瓣。

3. 抽薹不良

大蒜的抽薹性主要取决于品种的遗传性，有完全抽薹、不完全抽薹及不抽薹品种之分。但有时原来是完全抽薹的品种，却出现大量不抽薹或不完全抽薹的植株，这通常是由于环境条件不适或栽培措施不当造成的。贮藏期间已解除休眠的蒜瓣，或播种后的萌芽期和幼苗期，在 0 ~ 10 ℃低温下经 30 ~ 40 天就可以分化花芽和鳞芽，然后在高温和长日照条件下便可以发育成正常抽薹和分瓣的蒜头。如果感受低温的时间不足，就遇到高温和长日照条件，花芽和鳞芽不能正常分化，就会产生不抽薹或不完全抽薹的植株，而且蒜头变小，蒜瓣数减少，瓣重减轻。秋播地区将低温反应敏感型品种或低温反应中间型品种放在春季播种时，便会出现这种情况。

从春播地区引进低温反应迟钝型品种在秋季或春季播种时，一般都不抽薹；其中也有少数品种，如新疆伊宁红皮，无论秋播或早春播，完全抽薹率可达 100%。

秋播或春播时间过晚，低温感应不足，植株瘦弱，营养生长不良时，不分化花芽；大的种瓣则形成不抽薹的分瓣蒜，小的种瓣则形成不抽薹的独瓣蒜。

引种时应了解品种的抽薹习性及原产区的纬度和海拔。

（八）大蒜高效栽培模式

1. 夏秋辣椒—冬春大蒜栽培模式

该模式适合贵州等西南地区。辣椒于 5 月下旬至 6 月初育苗，6 月中下旬至 7 月上旬定植，9 月中下旬采收。大蒜于当年 11 月上旬播种，翌年 4 月中下旬采收蒜薹，5 月中下旬采收蒜头。辣椒应选择优质、高产、耐高温、抗病性好的早熟品种；大蒜选择高产、抗寒力强、抗病力强、适应市场需求的大蒜品种，例如威宁紫蒜、毕节大蒜、七星关白蒜等。

2. 地膜大蒜—夏玉米栽培模式

该模式适合河南等中原地区。选水源条件较好的中上肥力地块，10 月上中旬播种地膜大蒜，5 月 15—20 日提取蒜薹，6 月上旬以前完成收获；6 月上中旬机械播种夏玉米，10 月上旬前后机械收获玉米。大蒜选用抗病、抗寒、高产、优质、商品性好的薹蒜两用型白皮品种，如蒲科大蒜等，提倡异地换种或使用脱毒蒜种；玉米选用耐密高产、抗倒伏、不早衰、生育期适宜、适合机械化作业的优良品种，播种用的种子必须为包衣种子。

3. 厚皮甜瓜—大蒜—甜玉米栽培模式

该模式适合鲁南、苏北等黄淮海地区。上一年 9 月下旬进行整畦，畦面宽 4 米，畦埂宽 0.4 米，靠畦一边种 8 行大蒜，大蒜行距 18 厘米，剩下 2.5 米畦面待第二年 4 月上旬定植 2 行甜瓜，2 行甜瓜行距 50 厘米。5 月底收获大蒜，6 月初收获甜瓜，然后清洁田园进行整地，6 月上旬种植鲜玉米，9 月下旬收获鲜玉米。

4. 马铃薯复种大蒜套种胡萝卜栽培模式

该模式适合陕西西部、甘肃南部等地区。马铃薯于 3 月下旬播种，7 月下旬采收；大蒜于 8 月下旬至 9 月上旬播种，次年 6 月中旬及时收获；胡萝卜于大蒜采收前播种，10 月下旬及时采收。通过合理搭配，优势互补，充分利用三种作物生育期的差异，实现两年三熟、一次投入多次收获，经济效益十分显著，提高了土地利用率和产出率。

5. 大棚西瓜—毛豆—青蒜栽培技术

该模式适合淮海地区种植。大棚为 6 米宽简易钢架大棚。西瓜在 1 月初育苗，2 月中旬移栽，4 月底 5 月初开始上市，5 月中旬拉秧；毛豆在 5 月初育苗，5 月底移栽，8 月初收获；青蒜在 8 月中旬开始播种，12 月底开始收获。西瓜选用优质、抗病的早中熟品种，如京欣 1 号、早佳等。毛豆选择长势中等、生长期适中、耐高温的品种，如 K 新绿、绿宝石。青蒜选择苗期生长快、抗性强的四川软叶蒜、二水早等适宜当地的品种。

6. 独头蒜复种玉米栽培技术

该模式适合北方高寒地区种植。初春种植独头蒜（若在3月上旬定植，则需覆盖地膜），收获后及时种植早熟玉米，属典型的一年两熟种植模式。独头蒜在3月上旬播种，5月下旬至6月上旬收获；早熟玉米在6月上旬播种，10月中旬收获。

7. 大棚早春黄瓜—夏秋大白菜—青蒜栽培模式

该模式适合云贵高原地区种植。大棚早春黄瓜在1月中旬至2月上旬育苗，2月中下旬定植，4月下旬开始采收，7月上中旬罢园；夏秋大白菜于7月中下旬直播，9月中下旬开始采收；本地紫皮大蒜于10月上中旬直播，12月下旬至翌年春节采收上市。黄瓜宜选用早熟、抗病、丰产、耐低温弱光能力强、瓜条顺直、畸形瓜率低、生长期长、不易早衰等综合性状优良的品种。大白菜选用早熟、丰产、叶片厚、无毛、叶质软、风味佳、耐热耐湿、抗病性强、净菜率高、植株紧凑等综合性状优良的品种。青蒜选用茎叶柔嫩、叶色鲜绿、蒜香辣味浓郁的品种。

8. 苦瓜—节瓜—大蒜栽培模式

该模式适合两广地区种植。春植苦瓜于2月上旬育苗，3月上旬移栽，5月上旬采收，7月上旬采收结束；夏植节瓜于7月上旬直播，8月中旬采收，9月下旬采收结束；秋冬种植大蒜于10月上旬播种，12月中旬陆续采收青蒜苗，也可收获蒜头。苦瓜选择高产、优质、抗病、耐寒且适应市场需求的果实呈长圆锥形的品种。节瓜选择高产耐热的节瓜品种，如绿仙子、宝玉 F_1 等。大蒜选用茎叶柔嫩、叶色鲜绿、蒜香辣味浓郁的品种。

（九）产品收获、贮藏与加工

1. 收获

分为蒜薹收获、蒜头收获、青蒜收获和蒜黄收获四部分。

（1）蒜薹收获 蒜薹顶部打弯，总苞开始膨大，颜色由绿转白，蒜薹近叶鞘处有 4 ～ 5 厘米长变为浅黄色，这时即可采收蒜薹。采薹不仅是一次产品的收获，也是关系到蒜头能否增产的一项重要工作。及时采薹，终止大蒜花器和气生鳞茎生长，对调节大蒜的养分运输方向，以及对蒜头的迅速膨大生长具有重要作用。采薹太晚，既浪费了养分，又降低了蒜薹的品质，使蒜薹变得又粗又硬，纤维增多，品质下降，更影响到蒜头的膨大。因此，要求适期、及时采薹，尽量减轻对假茎的损伤，保留更多的直立绿叶。

采薹前 5 ～ 7 天停止浇水，选择晴天下午进行，这时植株经上午的蒸腾失水，韧性增加，薹易拔出且不易折断。采薹方法有拉薹法、扎薹法、夹薹法、划薹法和铲薹法等。不同品种因蒜薹与叶鞘的紧密程度和蒜薹韧性不同，适宜的采薹方法也不同。

① 拉薹法：用手捏住蒜薹顶部均匀用力缓慢往上拉。该法采收的蒜薹无划伤，适合于贮藏，不伤叶片和叶鞘，对提高蒜头产量和质量的效果明显，而且效率高、省工。但因拉时蒜薹易折断、长短不一、产量低、商品整齐性差。这种方法适合于口松、薹细、蒜薹韧性好的品种。

② 扎薹法：将竹筷子削成尖锥形或将 20 厘米长的 8 ～ 10 号铁丝磨成尖锥形，做成扎薹锥。采薹时，右手持扎薹锥，在离地面 10 厘米处垂直扎入，左手提薹慢慢抽出。该法采的薹产量和质量高，且对假茎伤害较小，蒜头产量、质量均很高，但采薹速度不如拉薹法和铲薹法快。

③ 夹薹法：将指头粗、长 30 厘米左右的新鲜柳条剥皮后，在

中间扭一下，使之折断，即成蒜夹子。采薹时左手提薹，右手拿蒜夹子在假茎离地面10厘米处轻轻夹一下，同时左手慢慢向上抽薹即可将蒜薹顺利地抽出。该法采的蒜薹产量和质量均很高，但对假茎伤害较严重，抽薹后，假茎易从夹痕处倒伏，影响茎叶中养分向蒜头中输送。

④ 划薹法：用废钢锯条或木棍自制采薹工具，在木棍一端钉一小钉，使钉尖透出3～5厘米。采薹时，一手握住蒜薹上部将植株稍向一侧拉斜，另一只手持工具，在假茎距地面约10厘米处将工具上的钉尖扎入叶鞘并上划至顶叶叶鞘顶端，然后将工具移至植株基部，从划口背面顶住植株，并就势将植株基部轻折一下，使蒜薹折断或产生折痕，再用捏蒜薹的手均匀用力向上拉拔。该法采的薹产量高，但划秧深度掌握不好易划伤蒜薹，采下的蒜薹不适宜贮藏，并且对后期功能叶片伤害严重，因而对蒜头膨大影响很大。

⑤ 铲薹法：用竹片或废旧的钢材制成铲薹器，左手捏薹，右手拿铲薹器顺薹向下铲，至中下部时沿薹垂直方向用力挤压蒜薹，左手同时上提，薹即抽出。该法采薹速度快、质量好，在大蒜主产区普遍推广应用。但对后期功能叶片伤害严重，故对蒜头膨大生长及其产量和质量影响较大。

铲薹法只适用于上小下粗的大蒜，以生产蒜薹为主、蒜头为辅，且蒜种外销的大蒜生产区可考虑使用。以生产蒜头为主、蒜薹为辅或薹头兼收的大蒜生产区均不宜应用铲薹法，应积极推广拉薹法和扎薹法。

（2）蒜头收获 蒜头收获适期的形态特征是：植株基部叶片大都干枯，上部仍有3～4片绿色叶片，但叶色灰绿、叶顶干枯、假茎松软、外皮干枯、韧而不脆。一般在采薹后17～20天即可达到这一形态。收获过早，蒜头嫩而水分高，组织不充实、不饱满，晾干后易干瘪，产量低、质量差，且不耐贮藏；收获过迟，蒜头产量虽能提高，但不易采收，蒜皮呈灰色或霉变，散瓣、裂瓣蒜增多，商品性下降。适宜的采收期还应考虑蒜头用途。用作加工盐渍蒜、糖醋蒜的蒜头，应比适期提前 5 天左右收获，以保持其脆嫩的品质。

收获时为减少损伤蒜头，最好用铁叉轻轻一掘，松动土壤，然后即可用手拔出。收蒜头时要轻拿轻放，避免磕碰，以免蒜皮、蒜瓣受到机械损伤，降低商品性和耐贮性。出口蒜头要随即去泥，削去根须，并放在田里晾晒。晾晒时要求后一排的蒜叶搭在前一排的蒜头上，依次一排排放好，只晒叶不晒头，以防烈日暴晒灼伤蒜头内部组织造成贮藏时腐烂或使蒜头开裂，降低其商品性。晾晒过程中应翻苗 1 ~ 2 次，以加速风干，在田间晾晒 2 ~ 3 天后，运到树荫下等凉爽处，蒜叶朝里，蒜头朝外，码成直径 1.5 米，高 1.5 米的圆垛进行“阴干”。在“阴干”过程中有利于蒜叶中剩余养分流向蒜头，使蒜头更加充实，硬度更大，重量增加，这本身也是一个“后熟”过程。遇雨要加盖防雨膜，待蒜头外皮干燥呈膜状，即可剪下蒜头装袋贮藏或外运。

（3）青蒜收获 青蒜苗上市没有严格的标准，因此收获期主要应根据市场需求调节。一般青蒜播种后 60 ~ 80 天即可陆续收获上市。露地青蒜一般是一次挖收，收获时连根挖起，去除根部泥土和下部黄叶后，扎成小捆上市。保护地青蒜因生长环境适宜，一般播种后 20 ~ 25 天即可收获。如计划收割二刀的则第一次收割时留茬宜高些，若不收二刀的可割深些。保护地青蒜在冬季、早春严寒季节上市时易萎蔫、受冻，故要将蒜苗包装好。一般早晨带露水收割，割完一床立即包装。用筐装的要在筐的四周加上保温材料，将蒜苗根部朝外，叶梢朝里摆满挤紧。

（4）蒜黄收获　在温度和湿度适宜的条件下，种植后 15 ~ 20 天，蒜黄高 30 ~ 40 厘米时，即可收割第一刀上市，之后间隔 15 ~ 20 天再分别收割第二刀和第三刀。每次收割待伤口愈合后再浇足水，并随水施入 0.5% 尿素和 0.05% 磷酸二氢钾。收割时以贴地皮割为宜。收割的蒜黄扎成小捆，放在阳光下晒黄，使蒜黄叶色由白黄色转为金黄色。晒黄的时间依天气情况而定，以晒成金黄色为标准。气温低时稍晒片刻即可装筐。包装方法和要求同青蒜苗，防止冻害。

2. 贮藏

蒜薹和蒜头的生产季节性强，收获期集中，如不采取有效的贮藏保鲜方法，蒜薹的供应期只有一个多月时间，蒜头的供应期也不足半年，远远满足不了市场的需求。因此，对一季收获需全年供应的蒜头、蒜薹来说，做好贮藏保鲜，对扩大种植面积、促进大蒜产业的发展、调节市场余缺和增加产品的附加值有着非常重要的作用。目前，我国蒜薹长期贮藏技术已经基本成熟，主要采用冷藏结合气调的方式。气调又包括小包装气调、硅窗袋气调和大帐气调：硅窗袋气调冷藏减少了放风的次数，但靠近硅窗的蒜薹易老化，袋内气体达到平衡时间也较长；薄膜袋气调根据薄膜袋材料、厚度和装量的不同，有的需要定期放风，有的无需放风。

（1）蒜薹贮藏保鲜

① 冰窖贮藏：这是蒜薹最古老的贮藏方式。冰窖贮藏的蒜薹新鲜度很好，但腐烂率较高。较寒冷的北方地区，如吉林省，辽宁省开原、沈阳等地，仍有用此法贮藏蒜薹的。这种方法比较简单，经济有效。冰窖种类分为永久性和临时性两大类，并可进一步分为地下和半地下，其结构与地窖结构相似。

冰窖贮藏的冷源是冰，冰在最冷的季节，利用河、湖、塘天然冰或人工浇水冻冰，每块冰重 100 ~ 150 千克，采后运到冰窖。将冰一块一块地码在窖内，如果窖容积较大，则在一端留一些空地准备第二年贮藏蒜薹；如果较小，为了防止冰吸热融化，可在窖最上层的冰上，用稻壳或木屑等隔热材料覆盖严密。窖底要设排水沟，以便排除污水。然后封闭窖门，当第二年蒜薹经过加工后，装在湿蒲包中从窖的一端开始，先在窖底和四周放 2 层冰块做保温层，然后 1 层蒜薹 1 层冰块码起，共装 3 ~ 5 层蒜薹。冰块之间用碎冰填充，最上层有 1 米左右隔热层覆盖，这样，冰融化的水可以流过下面的蒜薹，起到保湿作用，贮藏期温度为 0 ~ 1 ℃，相对湿度 100%。这种方法贮藏的蒜薹可以贮至当年年底。

② 机械制冷加简易气调贮藏：蒜薹机械制冷加简易气调贮藏法，是目前我国蒜薹主要的贮藏方式。简易气调贮藏所用的塑料薄膜形式不同，可分为定期放风保鲜袋贮藏、硅窗袋贮藏、塑料袋（帐）气调贮藏。主要是利用高分子的包装材料聚乙烯（PE）、聚氯乙烯（PVC）等的透气性能实现冷藏气调效果。

▶ 定期放风保鲜袋贮藏。定期放风保鲜袋有两种，一种为 PE 袋，另一种为 PVC 袋。PE 袋由于透湿性低，透气性较高，在用薄膜包装后，内部的氧气和二氧化碳发生变化，起到薄膜气调贮运的作用，延缓蒜薹后熟和衰老。PE 袋在低温下有韧性低、抗拉力差、易结露等缺点，目前生产上应用已较少。PVC 透湿保鲜袋，是以 PVC 为基材添加增塑、透湿等材料制成，具有透明性好、在低温下韧性强、不易结露等优点，已成为我国蒜薹贮藏的主要用材。在贮藏过程中，蒜薹密封于袋内，随着蒜薹呼吸量增加，薄膜所透进的氧气或透出的二氧化碳与蒜薹吸收的氧气或放出的二氧化碳是不等量的，由此形成袋内低氧气和高二氧化碳浓度的气体组分状态。这种气体组分可有效地抑制蒜薹呼吸作用和衰老代谢过程。过一定时间后袋内氧气浓度降至蒜薹所能忍耐的最低值而二氧化碳达最高值时开袋放风，如此循环反复。此种方法的气体适宜组分为氧气0.8% ~ 1.0%，二氧化碳12% ~ 14%。放风时，打开袋口，两手抓住袋子的两边，用力上下抖6 ~ 8次，尽量多排除些袋内高浓度的二氧化碳，通进氧气，然后将袋口挽到蒜薹苞基部，并用手撑开袋口，再上下抖动蒜薹3 ~ 4次即可。

▶ 硅窗袋贮藏法。硅窗袋是指将一定面积的硅橡胶膜镶嵌在塑料包装袋上，利用硅窗膜良好的透气性和透气比，来实现稳定的气体组分调节。通过蒜薹自身呼吸作用和硅窗调节功能，使保鲜袋内蒜薹处于合理的低氧和高二氧化碳浓度的气体条件下，以抑制蒜薹的呼吸作用，减少营养物质的消耗，使蒜薹长期处于“休眠”状态，达到延长贮藏期，保持原有色泽、质地和获得显著经济效益的目的。

硅窗薄膜包装并不具有抑菌防腐能力，其主要作用是减少普通薄膜包装的高二氧化碳浓度损伤及缺氧生理损伤，是塑料薄膜包装的改进。由于硅窗的调节作用，硅窗袋中的蒜薹可以在贮藏过程中保持较稳定的氧气和二氧化碳条件。气体变化曲线呈水平状态，升降波动小，这对于保持蒜薹贮藏品质有重要作用。采用此法，蒜薹在1 ℃条件下贮藏，硅窗面积为4.4 ~ 5.0厘米^2/千克，这时可达到贮藏最佳气体组合：氧气浓度为2% ~ 6%，二氧化碳浓度为4% ~ 8%。

▶ 塑料袋（帐）气调贮藏。蒜薹用塑料袋（帐）气调贮藏方法与前面的小包装技术相似，但具有气体成分易控制，更稳定，保鲜效果好，管理方便，省工等优点。具体做法是选用0.015 ~ 0.025毫米厚的PVC薄膜焊接成长方形大帐，大小根据贮藏量而定。帐的高度比蒜薹的堆放高度要高出40厘米，以便与帐底吻合并封卷帐压边，帐底用同样材料预先制好，帐的两侧面各设1个取气孔，平时关闭。在帐的两端各设 1 个直径 20 厘米的袖口状换气孔，两孔高度相差 1 米，便于对流换气，平时扎口封闭。把经过严格挑选的蒜薹先预冷至 0 ℃时，迅速罩帐后严密封闭（帐子的密封程度十分重要，操作应高度重视），注意蒜薹勿与薄膜接触。封帐后用降氧机（制氮机）快速充氮降氧至要求的指标，适宜的气体指标为：氧气 2% ~ 3%，二氧化碳 5% ~ 8%。为了维持适当的气体组分，要定期测定帐内的氧气和二氧化碳含量，用放置消石灰（氢氧化钙）或用二氧化碳脱除机吸收过量的二氧化碳，在氧气不足时，从气孔处补入，使之保持在指标上限以内。为使帐内气体分布均匀，防止下部二氧化碳积聚发生毒害，每周需用真空泵对大帐内的气体进行 2 ~ 3 次人工环流（每次 10 ~ 15 分钟）。贮藏期间，因大帐内的温度一般比外界高约 0.5 ℃，故要求库温控制在 –1 ℃左右，直至帐膜内侧有轻薄的白霜为正常标准。

③ 栅栏技术保鲜：栅栏技术应用于食品保鲜贮藏是由德国肉类研究中心相关科研人员提出来的。他们把食品防腐的方法或原理归

栅栏效应是水果、蔬菜保鲜贮藏的有效手段，大蒜保鲜也同样适用。新鲜大蒜的生理衰老及生化变化主要由一些相关的酶，如脂肪氧化酶等引起的，而微生物腐败则是由保鲜贮藏过程中的细菌、霉菌、酵母等微生物的污染引起的。大蒜的货架期可通过两个或多个栅栏因子的相互作用而得以保证。大蒜内在的栅栏因子种类、强度决定大蒜各自的保存特性。为达到大蒜防腐保鲜的目的，常对大蒜施以外在的栅栏因子，这些都是通过加工工艺或添加剂来实现的。在这里，栅栏因子所发挥的作用已不再仅仅侧重于控制微生物的稳定性，而是最大限度地考虑改善大蒜质量，并延长其货架期。

结为高温处理、低温处理、降低水分活度、酸化、氧化还原电势、防腐剂、竞争性菌群以及辐射等几种因子的作用，这些因子称为栅栏因子。栅栏因子单独或相互作用，形成特有的防止食品腐败变质的“栅栏”，决定着食品中微生物的稳定性，并抑制引起食品氧化变质的活性，这种现象被称为栅栏效应。

（2）蒜头贮藏保鲜

① 挂贮法：大蒜编辫晒干后，量少时在屋檐下，量大时搭蒜棚，将蒜瓣挂起。必须遮阴、防雨、防潮、防热、通风。到立冬后天气寒冷时，下架运至贮藏室，但仍需注意通风，并随天气转寒或转暖而减、增通风量。整个冬季应尽量减少搬动，以免碰伤，尽量保持室温在 0 ℃左右。这种方法能使大蒜贮藏 2 ～ 3 个月。

② 堆藏法：将晒干的蒜头，保留 2 ～ 3 厘米，剪去假茎，放入木箱或塑料箱内，存放在通风库中，只要保持通风、凉爽、低温，可以使大蒜贮藏 2 ～ 3 个月。

③ 辐射贮藏法：将采收的大蒜经过一定时间晾晒，剪下蒜头，用 1.29 ～ 2.06 库仑每千克射线照射，然后按常规方法，贮藏在通风干燥的地方，可实现周年贮藏。这种方法只适合于食用大蒜的处理，而留种用大蒜不能用此法。

④ 种用大蒜贮藏法：留种用的大蒜应在比较高的温度下贮藏，以 15 ℃左右为宜，空气的相对湿度低于 70%，有利于保持大蒜的种性。如果留种用的大蒜保持在稳定的低温（–1 ～ 3 ℃）条件下，在播种前 40 天左右，再给予 18 ～ 20 ℃条件的高温处理，也能收到良好的贮藏效果。

⑤ 机械冷藏法：在蒜头生理休眠期结束前按等级分别入冷库贮藏，入库后用 CT 果蔬防腐烟剂进行烟熏处理，用量为 10 克 / 米 ^{3}，贮藏 2 ～ 3 个月后进行第二次处理，以防蒜头发霉。贮藏时库温控

制在 –3.5 ～ –2 ℃，相对湿度控制在 75% 以下。用这种方法可将蒜头贮藏至翌年 3—4 月份。

（3）新鲜蒜头贮藏 保鲜新鲜蒜头的贮藏方法和技术同蒜薹相似，具体可参考蒜薹贮藏保鲜一节。采用这些贮藏法可使鲜蒜头保鲜 8 ～ 10 个月，仍能保持原有的鲜度，蒜头外皮以及蒜瓣洁白、蒜瓣口感鲜嫩，是一种较有发展潜势的贮藏工艺。

3. 加工

（1）大蒜头的出口与加工 出口大蒜头要求横径大于 5.5 厘米，分瓣数量少，外形完整，皮色洁白，不干燥。留桩（干花茎基部）高不超过 1 厘米。无须根，不干瘪，无发芽，无霉变，无虫害及机械损伤。

不同的国家和不同的外商对包装要求有所不同。日本对大蒜质量要求最高，外包装全部用纸箱，内包装一般为 100 克、500 克或 3 个蒜头装的网袋小包装，并且货物要加带标签，到达日本后一般直接进入超市。澳大利亚要求外包装为纸箱，内包装为 1 000 克或 500 克小网袋包装。欧洲地区荷兰、德国、法国、西班牙、土耳其，南美地区巴西、哥伦比亚、哥斯达黎加，中东地区阿联酋、沙特、阿曼以及非洲的肯尼亚、安哥拉等，一般都要求货物的外包装为纸箱包装，内包装为 10 千克的大网袋包装。印度尼西亚、菲律宾、马来西亚、印度、韩国等，对货物的质量要求一般，不要求扒皮和剪秆，规格也大多为 5 厘米左右，包装为 20 千克或 10 千克的网袋。

出口的大蒜除了要符合进口商要求的标准外，还需符合进口国的商检要求。目前农药残留成了影响我国大蒜出口的主要限制因素之一。要求我国蒜农停止使用禁用农药和禁止农药使用量超标，但也与贸易技术壁垒（TBT）有关。一些国家为保护本国大蒜产业不受影响，以保护人类和动植物健康为由，严格要求大蒜中农药残留最高限量标准，这严重影响我国大蒜的出口量。目前，我国大蒜已出口至140多个国家和地区，其中日本、欧盟等国家或地区对我国出口大蒜提出了特殊检疫要求。要求我国出口大蒜不得带有某些危险性病虫害和其他有害生物。

出口大蒜头的加工主要包括整理、挑选、熏蒸和包装。整理是指按外商对茎秆长度的要求，剪去多余部分，去除外层不干净和不整洁的外鳞膜，剪掉根须，去掉茎盘。挑选是将整理好的大蒜头在分级台上分级，按大小和质量分级，将有机械伤、病害、虫害、畸形、不饱满、发芽等不符合要求的蒜头剔除。熏蒸处理主要采用的药剂为溴甲烷和磷化氢。溴甲烷能够杀死病虫害，在我国应用普遍，但对环境污染影响较大，在国外已逐渐受到限制。但目前还很难找到熏蒸效果好、时间短的可替代溴甲烷的产品。具体操作步骤按产品说明书，严格遵守规范使用剂量和使用方法。有些国家对溴甲烷熏蒸提出特殊要求，如澳大利亚要求溴甲烷处理大蒜在21℃，用磷化氢熏蒸处理其温度为28℃，处理时间为72小时。目前要求用磷化氢处理出口大蒜的国家有菲律宾等。

（2）大蒜脱臭技术　由于大蒜特殊的臭味，使大蒜制品的生产和食用受到一定限制，因此，大蒜脱臭具有重要的意义。大蒜脱臭的理想方法，应该是既不损失大蒜有效成分，又要方法简单、效果理想。现将几种脱臭方法介绍如下：

①植物油脱臭法：将大蒜榨汁，取出蒜汁液，放入容器中，10℃下放置10天，抑制酶的活性，然后加入2%～3%的植物油，仍置于10℃以下放置。15天后，分为2层，下层为浑褐色透明液，再过15～20天，液层完全分离，把底部液层分离和提取，即得无臭大蒜液。

② 酸脱臭法：一是去皮大蒜在 36 ℃饱和碳酸中浸泡 5 ~ 10 天，取出再浸到同样温度醋酸中 7 ~ 30 小时，即可脱臭。二是去皮大蒜浸泡在 1.5% ~ 4.0% 的富马酸或富马酸钠溶液中 20 ~ 24 小时，即可脱臭。三是大蒜切片用稀醋酸处理，再经洗涤、脱水，即可脱臭。此法简单易行，脱臭率达 90%。

③ 氨基酸与还原糖反应产物脱臭法：100 克谷氨酸钠、50 克赖氨酸、100 克葡萄糖、50 克果糖充分混合，置于器皿中加热，在 150 ℃下搅拌 5 分钟，使发生羰缩合反应。冷却干燥，并粉碎至 100 目。将这种脱臭剂加到各种蒜制品中，短时间可除去蒜臭味。

④ 电磁波脱臭法：脱皮蒜粉碎，用 45 ℃低温干燥空气喷射，处理 20 小时后，再用电磁波（2 450 兆赫 / 秒，输入功率 150 瓦）照射干燥大蒜粉 30 秒，重复照射 3 ~ 4 次，每次照射时间间隔 10 秒。然后将大蒜粉浸在 6% ~ 8% 乙醇中，于 70 ~ 80 ℃剧烈搅拌，即可完全除去蒜臭。

⑤ 煮沸脱臭法：大蒜加入 1.5 倍重量水，于文火下煮 3 ~ 4 小时，然后加入适量蛋黄，搅拌，再煮到总重量与生蒜重量相近为止，随后把大蒜摊在扁平容器里，厚度约 1 厘米，然后在其上划痕，进行冷冻干燥、磨碎、密封包装，即制成无臭蒜粉。

⑥ 冷冻脱臭法：将大蒜头放入 PVC 塑料袋中，投入用干冰冷却到 –60 ℃的乙醇中，约 5 分钟大蒜即冻结，在此温度下保持 10 分钟，然后室温解冻，即得无臭蒜头。

此外，还有胡椒粉脱臭、醇类脱臭、硅溶液脱臭、氢氧化镁脱臭、薄荷醇脱臭、蜂蜜脱臭等方法，应根据不同产品和不同需要选择应用。

（3）脱水蒜制品加工

① 脱水蒜片。工艺流程为：大蒜→分瓣、切蒂→去皮→清洗→

切片→漂洗→甩水→烘干→挑选→包装→成品。

在加工过程中，特别注意切片均匀、漂洗干净、控制温度、快速干燥，以保证产品的质量，防止褐变。

② 蒜粉加工。工艺流程为：脱水蒜片（或蒜渣）→粉碎→过筛→包装→蒜粉→加调料→复合调味蒜米也可用鲜大蒜为原料，进行打浆，滤出蒜渣，将滤浆脱水干燥、粉碎即可。

③ 速溶蒜粉。工艺流程为：大蒜→去皮→漂洗→捣碎→蒸馏→冷凝→干燥→包装→成品。

蒸馏是用水蒸气喷射蒜泥，从蒸汽中冷凝出挥发物，然后通过干燥设备，经缓慢干燥而制成。

（4）大蒜油的提取 大蒜油生产有溶剂浸提法和蒸馏法两种。浸提法一般用乙醇作溶剂，充分浸提，减压回收乙醇，即得蒜油产品，出油率为 1.6% ~ 3.0%。

蒸馏法工艺流程为：大蒜→切片→浸泡→去皮→打浆→酶解→蒸馏→油水分离→过滤→蒜油。

（5）无臭大蒜素的提取 大蒜素为无色油状液体，是大蒜药效作用的主要成分。提取无臭大蒜素，对于大蒜产品开发具有重要意义。工艺流程如下：大蒜→去皮→清洗→破碎→蒜汁→除臭→浸取→分离→无臭蒜素液。

该工艺以无臭蒜素液为主产品，其中大蒜素含量 1.3% ~ 1.5%。此产品可用于制备可口调料和滋补强壮剂。

（6）大蒜饮料 大蒜经脱臭处理后，加工成无臭大蒜液，配以果汁、菜汁及其他配料，可制成各种口味鲜美、营养丰富的复合大蒜饮料，如大蒜枸杞饮料、大蒜生姜饮料、大蒜胡萝卜饮料以及大蒜草莓饮料等。

（7）其他大蒜风味食品 大蒜还可加工成各种风味食品和调

味品，例如美味蒜泥、蒜膏、蒜酱、糖醋蒜头、白玉蒜、蒜薹脯、辣蒜薹等。此外，还可加工成蒜酒和化妆品。这里介绍一种蜂蜜蒜米的加工方法。

① 整理：将鲜蒜头掰成蒜瓣，剥去内外种皮，剔除残次蒜瓣。

② 浸泡：加工整理好的蒜米，及时倒入浓食盐水中（24 千克食盐溶于 100 千克水中）浸泡 8 小时，捞出换清水浸泡 10 小时，清除缸内杂质。换清水继续浸泡 2 天，每天换水 1 次。

③ 沥水：将浸泡好的蒜米捞出，沥去浮水。

④ 糖渍：称取食盐 24 千克，溶于 100 千克水中制成盐水，然后称取白糖 45 千克，溶于 25 千克配好的盐水中。将沥干的蒜米 100 千克倒入 70 千克糖浆中，充分拌匀，每天转缸翻蒜 1 次，灌入原糖浆。同时每天在原缸翻动 6 次。连续糖渍 7 天，至糖浆温度降至常温，停止转缸翻蒜，每天在原缸翻动 6 次。2 个月后，再加入白糖 15 千克，继续糖渍，每天在原缸翻动 6 次，连续 20 天左右。

⑤ 蜜渍：捞出复渍蒜米，将剩余糖卤加温至 90 ℃，每 100 千克糖卤加入 20 千克蜂蜜，搅拌均匀，过滤弃渣，冷却至常温。将糖渍的蒜米置于清洗干净的缸中，100 千克蒜米灌入蜜液 80 千克，腌渍 30 天左右，即为成品。

三、大葱

大葱是我国主要特色经济作物之一，而且种植历史悠久。我国每年的大葱种植面积大约为57万公顷，总产量2 172.44万吨，其中出口量660万吨，出口金额7 560.4万美元，大葱是我国重要的出口创汇蔬菜种类之一。大葱的环境适应能力强，在国内各地均有种植，但是大部分主要聚集在山东、河南、河北等地区；优良品种很多，如山东的章丘大葱、辽宁的朝阳大葱和陕西的赤水孤葱等。我国是世界上主要的大葱出口国，每年出口韩国、日本和东南亚各国，每年出口量占据世界的70%。大葱的出口加工种类也很多，有保鲜葱白、脱水葱叶等。大葱对地方的经济起到了重要的促进作用。

大葱的食用部分包括叶片和假茎，生食、熟食均可，同时可作为烹饪佳肴的调味品。其组织鲜嫩、辛辣芳香、营养丰富。每100克鲜葱中含蛋白质约2.4克，碳水化合物8.6克，脂肪0.3克，纤维素1.3克，维生素C 14毫克，磷46毫克，铁0.6毫克，钙29毫克；此外，还含有胡萝卜素、核黄素、烟酸、硫胺素和挥发性芳香物质。

大葱味辛、性温，生则辛平，熟则甘温，具有极高的药用价值。有利尿解毒、明目补中、醒脑提神、利五脏、止目眩、散瘀血、止血止痛、消肿等功能，对缓解风寒感冒、面目浮肿、药食中毒、心胸闷痛、食欲不振、腹泻腹痛等病症有帮助。《本草纲目》记载，葱白、根、叶、须、花均可入药，主治伤寒，除肝中邪气、利大小便、解耳鸣。现代医学研究也表明，大葱中的挥发性芳香物质具有增进食欲、开胃消食、杀死病菌、刺激血液循环等功效。常吃大葱能减少胆固醇在血管壁上的积累，还可避免或减弱血栓的发生。

当下，我国大葱产业发展迅猛，育苗、定植、收获、深加工等环节的操作都相对先进：一是建立工厂化的育苗基地，能统一生产标准，提高种苗质量，解决散户育苗难题，既节省育苗用地，缩短育苗时间，又能降低生产成本。二是积极发展农机社会化服务，实现农机作业从耕种到收获的全套服务。三是统一生产模式，实现标准化生产作业，各生产环节相互协调，能极大地提升作业效率，降低生产成本。四是引进示范各环节农机化技术及装备，尤其是加大国产大葱联合收获机研发力度，不断改进和熟化，尽快研制出成熟可靠的联合收获机械。未来我国的大葱收获作业还需以探索适合我国大葱种植农艺要求的，更加成熟、稳定和自动化的大葱联合收获机械为主要研究方向。开展农机农艺融合技术试验，在大葱品种选择、苗期管理等多方面开展不同的对比试验，促进农机农艺融合程度进一步加深，通过示范基地发挥示范带动作用，提高种植户技术水平。

（一）形态特征

1. 根

大葱的根为白色弦线状肉质须根，着生于短缩茎上，根系大多分布在 30 厘米土层范围内。在深培土的情况下，大葱的根系不是向深处延伸，而是沿水平方向甚至向上发展。大葱根的分枝性差，根毛少，吸水、吸肥能力弱，但发根能力强，根数可达 50 ~ 100 条，直径 1 ~ 2 毫米。大葱根系怕涝，如果土壤的湿度大，再加上高温条件，根系易坏死，因此，需注意浇水不能太多。

2. 茎

大葱茎为地下茎，在营养生长期短缩呈圆锥形，先端为生长点，黄白色，叶片呈同心圆状着生在茎上，将茎盘包被在叶鞘的基部。大葱茎有顶端优势，很少分蘖。通过春化后，茎生长点停止分化叶芽，继而分化为花芽，逐步抽薹开花。大葱抽薹后，在内层叶鞘的基部萌生 1 ～ 2 个侧芽，并发展成新的分蘖植株。

3. 叶

大葱的叶包括叶身和叶鞘两部分。叶身管状中空，顶尖，外表深绿色，有蜡层。葱叶的下表皮及其绿色细胞中充满油脂状黏液，能分泌辛辣的挥发性物质。大葱叶粗大，质厚而粗硬，因而除幼苗期嫩叶可食用外，长成植株的绿叶一般不食用。叶鞘位于叶身的下部，中空，呈圆柱状，在叶鞘与叶身连接处有出叶口。多层叶鞘互相环抱形成大葱的棒状假茎，俗称葱白。假茎中间为生长锥，叶片在生长锥的两侧按互生的顺序相继发生，内叶的分化和生长以外叶为基础，幼叶从相邻外叶的出叶孔穿出；外叶叶鞘较短，叶龄长。随着新叶的出现，老叶不断干枯，外层叶鞘则逐步干缩成为膜状。一般大葱在生长期间通常保持 5 ～ 7 片功能叶。

进入葱白形成期后，叶片中的养分逐渐向叶鞘转移，并贮存在叶鞘中，叶鞘成为大葱的营养贮藏器官。大葱的产量主要取决于葱白的长度和粗度，葱白的生长又受发叶速度、叶数多少和叶面积大小的影响。具体地说，葱白的生长量受品种特性、是否发生先期抽薹、生长环境温度、水分、光照、土壤营养水平等多种内外因素的影响。叶数越多，葱白生长就越高、越粗，叶鞘越肥厚，葱白就越粗大。葱白的长度因不同品种而异，同时与培土有密切的关系，随培土层的加厚而增高。通过培土，可为葱白生长创造黑暗、湿润的条件，促进其伸长、软化而提高产量和品质。

4. 花

大葱通过春化阶段后，顶芽便伸长为花薹。花薹绿色，圆柱形，基部充实，中部膨大而空，具有同化功能，其粗度和高度因品种和营养状况而异。花薹顶端着生伞形花序，由于顶端优势的作用，一般 1 株大葱只抽生 1 个花茎和花苞。开花前小花蕾被花序外的白绿色膜质总苞所包被，开花时，总苞破裂，露出各个小花。每个花序有 400 ～ 600 朵小花，白色或紫红色。大葱的花为两性花，萼片、花瓣各 3 个，雄蕊 6 个，雌蕊 1 枚。柱头成熟时间晚于花药 1 ～ 2 天，成熟时高于花药。子房倒卵形，3 心室，每室 2 胚珠，能结 2 籽。属虫媒花，异花授粉，但自花授粉结实率也较高，采种时要注意不同品种之间的隔离。

5. 果实和种子

大葱的果实为蒴果，三角形，幼嫩时绿色，成熟后自然开裂。每果含种子 6 粒，种子黑色、盾形、有棱角、稍扁平，种皮较厚而坚硬，表面有较多不规则的皱纹，脐部凹陷。种子千粒重 3 克左右。大葱种子生命力弱，寿命较短，一般贮藏条件下为 1~2 年，低温干燥条件下可延长贮存时间。生产上要求采用当年的新种子播种。

（二）生育周期

大葱的生育周期包括营养生长和生殖生长 2 个时期，经历发芽期、幼苗期、葱白形成期、休眠期、开花结籽期等生长阶段（图 3–1）。生长期的长短随播种期而定。春播仅需通过 1 个冬天，为 15 ～ 16 个月；秋播要通过 2 个冬天，需 21 ～ 22 个月。

1. 发芽期

大葱从播种到出现第一片真叶为发芽期。种子吸水以后，种胚萌动，胚根从发芽孔伸出，向下扎入土层，子叶伸长，腰部拱出土面。而后子叶尖端长出地表并伸直，再从出叶孔长出第一片真叶，整个过程需 9 ～ 15 天。在这期间，大葱主要依靠胚乳中贮藏的养分生长，进入异养阶段。

图 3-1　大葱田间生长状

2. 幼苗期

大葱从第一片真叶出现到定植为幼苗期（图 3-2）。秋播大葱的幼苗期长达 250 天以上，要经历冬前生长期、越冬休眠期和返青期；春播大葱的幼苗期只有 80 ~ 90 天，出苗后很快进入旺盛生长期，无休眠期。

图 3-2　穴盘育苗的大葱幼苗

秋播大葱从第一片真叶出现到越冬为冬前生长期，约 50 天时间。这一时期一般气温较低，幼苗生产量小，育苗管理中既要防止幼苗过大，因受低温而出现先期抽薹现象，又要防止幼苗过小，因降低越冬能力而出现越冬死苗。一般来说，幼苗的大小以 2 叶 1 心为安全越冬的适宜苗龄。

从越冬到第二年返青为越冬休眠期。这一时期，由于环境温度低，幼苗生长极为缓慢，处于休眠状态，应注意防寒保墒，可采取冬前浇足冻水，畦面覆盖腐熟有机肥，畦北面加风障等措施来保证幼苗安全越冬。

从返青到定植为幼苗生长旺盛期。当日平均气温达到 7 ℃以上时，幼苗返青并迅速生长，这是秋播大葱幼苗第二个旺盛生长期，约需 90 天，是培育壮苗的关键时期，需及时追肥、间苗、除草，确保幼苗生长健壮。

3. 葱白形成期

大葱从定植到收获为葱白形成期。前期正值夏季高温季节，雨水多，土壤通气不良，植株生长缓慢，易出现烂根、黄叶和死苗等症状。此时应加强田间管理，中耕松土，雨后及时排水，降低田间湿度。越夏后，温度降低，天气转凉，大葱进入生长旺盛期。白露前后是大葱的最适生长季节，叶片生长快，当气温在 20 ℃以上时，每 4 ~ 7 天发生 1 片新叶，气温降到 15 ℃左右时，每 7 ~ 14 天发生 1 片新叶。全株的功能叶迅速增至 6 ~ 8 片，而且叶片依次增大，制造的养分贮存在假茎中，使假茎迅速伸长和增粗。大葱的最终产量和葱白外观商品质量主要是在这一时期形成的，所以这一时期是肥水管理的关键时期，应采取分期培土、加强水分管理、追施速效化肥等措施，促进植株的生长，并使叶身的营养物质及时向叶鞘转移，加速葱白的形成。

当日平均气温降到4～5 ℃或遇到霜冻时，叶身生长停滞，葱白生长速度也减慢，但叶身和外层叶鞘的养分继续向内层叶鞘转移，进一步充实葱白。随着外叶的逐步衰老黄化，大葱进入收获适期。

4. 休眠期

大葱没有生理休眠期，在寒冷地区大葱地上部叶片冻害干枯，地下部因环境温度低而进入强迫休眠期，相当于宿根植物。在长江流域及以南地区，大葱冬季不休眠，当地温度越高，生长越迅速。

5. 开花结籽期

大葱在贮藏或在冬季生长期间，经过7～10天的7 ℃以下的低温即可通过春化阶段，形成花芽。第二年春天，在长日照和较高温度下，大葱抽薹开花（图3-3），从露薹到盛花期约20天，整个群体花期约20天，花期结束后25天左右种子即可采收。因伞形花序上不同部位的花开放时间不一致，所以，种子的成熟时期也不同。

图3-3　大葱开花

（三）对环境条件的要求

大葱原产中亚高山气候区，耐寒抗热，适应性强。在营养生长阶段要求凉爽的气候、肥沃的土壤和中等的光照强度，在休眠期要求低温，以通过春化阶段，第二年在长日照、高温条件下抽薹开花。

1. 温度

大葱耐寒抗病，对温度的适应能力强。但适宜的温度条件有利于优质高产，因此，大葱在不同生长时期对温度的要求不同。种子发芽的最适温度为 13 ~ 20 ℃，只需 8 天左右即可出土，最低在 4 ℃时也能发芽，只是发芽时间延长。植株生长的适宜温度是 20 ~ 25 ℃，低于 10 ℃生长缓慢，高于 25 ℃生理机能会失调，导致抗性降低而容易感病，同时植株细弱，叶色发黄。超过 35 ℃，植株呈半休眠状态，部分外叶枯萎。大葱不同品种耐寒能力存在差异，一般可耐 –10 ℃的低温，在土壤和积雪的保护下，处于休眠状态的植株甚至可忍受 –30 ℃的低温。大葱的耐寒力随品种及自身的营养积累而异。

大葱属绿体春化作物，植株必须长到 3 叶 1 心时，假茎直径大于 0.8 厘米，并且经过 25 ~ 60 天、2 ~ 5 ℃的低温，才能通过春化阶段。幼苗越大，感应低温的能力越强，通过低温春化所需的时间更短，因此，如果秋季播种过早，导致植株较大，营养物质积累较多，定植后易发生先期抽薹现象。越冬前最适宜的幼苗大小，因品种不同而略有差异。以章丘大葱为例，适宜的越冬苗龄为 3 片真叶。若幼苗有 4 片真叶，则会发生部分植株的先期抽薹；若只有 2 片真叶，则会发生越冬死苗现象。

2. 光照

大葱对日照要求适中，以章丘大葱为例，其光补偿点为 1 200 勒克斯，光饱和点是 25 000 勒克斯。大葱的管状叶在密植的条件下，仍能得到良好的光照条件，因此不需要过强光照。相反，光照过强对大葱生长不利，会造成叶身老化、纤维增加、品质下降，甚至丧失食用价值。长日照是诱导大葱花芽分化的必不可少的条件之一，大葱植株长到一定大小时，通过春化阶段，再经过长日照，才能抽薹开花，完成其整个生育周期。

3. 水分

大葱根系大多分布在土壤的表层，根毛少、根系弱，吸水、吸肥能力差，因此要求较高的土壤湿度。但根系又怕涝，高温高湿极易引起根系死亡。因此，水分管理极为重要。大葱叶身呈管状且表面布有蜡粉，其水分蒸发少，耐旱，所以要求空气相对湿度较低，一般保持在60% ~ 70%，太高或太低都会影响其生长。

大葱不同生长发育阶段对水分的要求也有一定的差异。发芽期生长量和耗水量均小，但幼芽耐寒能力差，要求始终保持土壤湿润，以利萌芽出土。幼苗期和葱白形成期是生长高峰期，需水量多，应经常保持土壤湿润。而秋播育苗的，在幼苗生长前期，要适当控制水分，土壤要见干见湿，以防幼苗徒长或秋苗生长过大引起先期抽薹。越冬前要浇足冻水，返青时需浇返青水，缓苗期则以中耕保墒为主。但大葱根系又极怕涝，因此在高温高湿的气候条件下，要注意浇水次数并及时排水，保持土壤湿润和通气良好。收获前，要减少浇水量，防止大葱贪青而影响其贮藏品质。

4. 土壤营养

大葱适宜在土层深厚、土质疏松透气、富含有机质且保水能力强的土壤中生长。土层薄的土壤不便于培土栽培，葱白产量和商品性差。沙质土壤保水保肥差，且土质过于疏松，高培土后容易倒塌，虽然因透气性好使葱白生长得洁白，但耐贮性差。黏性土壤透气性差，不利于发根和葱白生长，假茎质地紧密，辛辣味浓，但色泽灰暗。壤土栽培大葱，产量高、品质好。

大葱生长最适宜的土壤pH值为7.0 ~ 7.4，过酸或过碱都不利于大葱生长。大葱喜肥，要求氮、磷、钾均衡施用，基肥以腐熟有机肥为主，在生长前期以氮肥为主，后期则需较多的磷肥、钾肥。

特别要注意磷肥的施用，因为缺少磷肥会导致植株生长不良，产量下降。据测算，每生产 1 000 千克大葱，约需吸收氮 3 千克，磷 1.22 千克和钾 2 千克。

（四）类型和品种

1. 类型

（1）普通大葱 普通大葱是我国栽培最多的一种。其植株高大，抽薹前不分蘖，抽薹后只在花薹基部产生 1 个侧芽，种子成熟后长出 1 个新植株。虽然个别植株可分为 2 个单株，但收获时仍有外层叶鞘包在一起。按葱白长度可分为以下 2 种类型：

① 长白型：该类型大葱植株高大，直立性强。假茎长，粗度均匀，呈圆柱形。葱白指数（葱白的长度与茎直径之比）大于 10，质嫩味甜，生食、熟食均优。产量较高，但要求有较好的栽培条件。如章丘大葱、高脚白、华县谷葱等。

② 短白型：该类型植株稍矮，叶片排列紧凑，相邻叶身基部间距小，管状叶粗短，密集排列，呈扇形。葱白粗短，上下粗度较均匀，葱白指数小于 10。这类品种生长健壮，抗风力强，宜密植创高产。多数品种葱白较紧实，辣味浓，耐贮藏，如鸡腿葱等。

（2）分蘖大葱 该类葱在营养生长期间，每当植株长出 5 ~ 8 片叶时，就发生 1 次分蘖，由 1 株长成大小相似的 2 ~ 3 株。如果营养生长时间充裕，则一年可分蘖 2 ~ 3 次，最终形成 6 ~ 10 个分株。分蘖大葱的单株大小和重量因品种不同而差异较大。分株间隔时间短的品种，植株较小。假茎直径一般为 1.0 ~ 1.5 厘米，长约 20 厘米，叶片比普通大葱小而嫩，适合葱白和嫩叶兼用栽培。分蘖大葱主要用种子繁殖，抽薹开花结实习性与普通大葱相同。

（3）楼葱 楼葱可通过春化后抽薹，但花器官退化，无正常花序，而在花盘上发生气生小鳞芽。鳞芽无休眠期，在花盘上发育成有 2 ~ 3 个小叶的幼株。同一花盘上可长出 6 ~ 16 个幼株。个别最早发育形成的幼株，可在花盘上再次抽薹，并在顶部发生幼株，楼葱因此而得名。楼葱有分蘖和不分蘖两个品种，楼葱用气生幼株繁殖，繁殖系数低，但幼苗期短，抗寒力强，适合生长期短的高寒山区栽培。

2. 主要品种

包括一些传统品种和部分新品种（图 3–4）。

图 3–4　大葱新品种测试

（1）章丘大葱　山东省济南市章丘区地方品种，包括大梧桐和气煞风两个品系及其近似的变异类型。章丘大葱栽培历史近 500 年，是我国主要的出口品种。

① 大梧桐：株高 1.3 ~ 1.5 米，葱白长 50 ~ 60 厘米，基部直径 3 ~ 4 厘米。叶色鲜绿，叶尖钝，肉较薄，直立或斜伸，叶间距离较稀。葱白细长、圆柱形，基部无明显膨大，外观整齐，组织充实，质地细致，纤维少，含水分少，适宜生食、炒食、制馅。单

株重 500 ~ 750 克，一般亩产 4 000 ~ 5 000 千克，定植至收获需 120 ~ 140 天。

② 气煞风：株高 1.1 米左右，葱白长 40 ~ 50 厘米，葱白直径 4.5 厘米左右。单株重 500 克左右，重的可达 1.25 千克。管状叶浓绿，叶肉厚韧，叶身宽短，叶肉蜡粉较厚，叶尖梢较钝，叶鞘间距较近。葱白略短而粗，基部略有膨大。该品种抗风、耐紫斑病，略有辛辣，生食、熟食皆宜，品质上等。一般亩产 3 000 ~ 4 000 千克。

（2）二九系 近年来从大梧桐中选育复壮的一个品种。植株高大，株高 1.3 ~ 1.5 米。单株有功能叶 5 ~ 7 枚，叶面蜡粉厚，叶肉厚韧，叶尖向上或斜生。生长势强，直立，不分蘖，叶色浓绿，抗风力强。葱白长而粗，圆柱状，基部不膨大，茎直径 4 厘米左右，质地洁白，平滑光亮，脆嫩多汁，纤维少，品质极佳。抗寒力强，耐高温。较耐紫斑病、霜霉病、菌核病。适合密植高产，亩产 5 000 千克左右。

（3）高脚白大葱 北京市地方品种。株高 75 ~ 90 厘米，葱白长 35 ~ 40 厘米。全株有管状叶 8 ~ 10 片。单株重 250 ~ 500 克。葱白嫩脆，味稍甜，辣味小，品质好。该品种耐寒、耐贮存、抗病，生食、熟食均可。亩产 2 500 ~ 5 000 千克。

（4）华县谷葱 又称赤水孤葱，陕西省华县地方品种。植株高大、直立生长，株高 90 ~ 100 厘米。叶色深绿，蜡层较薄。葱白长 50 ~ 60 厘米，无分蘖，葱白直径为 2 ~ 3 厘米。单株重 300 克左右，最大可达 500 克。品质好，味甜、嫩脆，中晚熟。耐寒性强，耐旱，耐盐碱。亩产 2 500 ~ 4 500 千克。

（5）鸡腿葱 山东省地方品种。植株短粗茁壮，分蘖力极弱。株高 90 厘米。叶略弯曲，叶尖较细，叶面被蜡粉，深绿色，单株有功能叶 5 ~ 6 枚，叶肉肥厚，叶排列紧密。假茎基部膨大，向上渐细，稍弯曲，浅绿色；下部较粗大，白色。葱白长 25 ~ 30 厘米，基部直径 3.3 ~ 6.5 厘米，略弯曲，形似鸡腿。单株重 300 ~ 500 克，最大重 1 千克。该品种辣味强，香气浓，品质好，主要供调味用。定植至收获需 110 ~ 140 天。耐寒性强。亩产 5 000 千克左右。

（6）夏黑 2 号 从日本引进的品种。株高 1 米左右，管状叶深绿，表面有蜡粉。葱白长 45 厘米，洁白，粗细均匀，包合紧密，品质好，干物质和碳水化合物含量高。抗逆性强，耐旱、耐寒、较耐热。适合保鲜出口，不易腐烂，是主要的出口创汇品种。

（7）四季藏 从日本引进的品种。直立，高 85 ~ 90 厘米，黑柄。叶色鲜绿，长势旺盛不倒伏，可以密植。低温生长性好，耐暑、耐寒、抗病，四季均可栽培，最适合 4—5 月播种，10 月至翌年 3 月收获，或者 9—10 月播种，5—7 月收获，适合寒冷地区温室栽培。

（8）掖选一号 山东莱州蔬菜研究所 20 世纪 80 年代通过辐照技术培育的新品种。株高 100 厘米，葱白长 30 ~ 40 厘米，茎直径 3 厘米左右。叶片数 5 ~ 6 枚。单株重 200 ~ 400 克，5 月中下旬商品收获，成熟早，生长期短，抗锈病。亩产 5 000 千克以上。叶距稀疏，叶色浓绿，葱白甜脆肥嫩，洁白细腻，葱白及嫩叶辣味均较淡，适宜生食。独根不分蘖，极少出现双葱，耐高肥水。性喜凉爽，抗寒性强，返青早，早春植株抽薹后花苞还未充分长成时，腋芽即萌发迅速生长，并很快超过生殖生长，从而形成产品器官。利用腋芽早发、长势强的特点进行大葱反季节生产，是该品种特有的栽培方式。

（9）辽葱一号 是以冬灵为母本、三叶齐为父本通过杂交，经混合选择和单株选择而育成的大葱新品系。该品种生长速度快，生长势强，是麦茬葱和土豆等菜茬葱的理想品种。该葱商品性好，葱白长度适宜，紧密，质地细嫩，横径较粗。植株高 120 厘米左右，葱白长 40 ~ 50 厘米，葱白横径 3 ~ 4 厘米。叶片颜色深绿，蜡粉层较厚，叶片上冲，较抗风，生长期间功能叶片（常绿叶片）4 ~ 6 片。植株不分蘖，最大单株重可达 700 克。较抗病毒病、霜霉病、锈病，较稳产，亩产一般在 3 000 ~ 4 000 千克，最高可达 6 000 千克。

（10）福田大葱 福田大葱（F_1）植株高大直立，株高 120 厘米以上，不分蘖。叶色深绿，叶肉较厚。葱白直径 4 厘米左右，高 60 厘米以上，单株重 500 克左右，最大单株重可达 850 克。该品种质地细嫩，辣味适宜，品质佳，商品性好。

（11）长悦 从日本引进的品种。主要用于越冬栽培，在晚春至初夏时不易抽薹，生长性良好，是一个超耐抽薹的优良品种。耐热性、耐寒性强，通过调整播种期能实现周年上市。葱白长达 45 ~ 50 厘米，有光泽，紧实，口味佳。分叉少，整齐度高。叶片直立，浓绿色，叶片不易折断，可密植。

（12）明彦 从日本引进的品种。叶片浓绿、直立、粗长，不易折叶，生长强健且产量高。葱白有光泽，长 40 厘米，但有叶鞘颈部冻害和叶片枯萎现象。关东地区 3 月下旬至 4 月上旬播种，12 月至翌年 2 月收获，表现极佳。抗锈病、霜霉病。

（13）金长三号 从日本引进的品种。属金长类杂交品种，叶色深绿、早熟，葱白粗长，长约 45 厘米（图 3-5）。

图 3-5 金长三号

低温生长性和耐寒性好，冬季至早春播种，比其他品种更早上市。叶鞘部紧实，口味同金长。由于生长性好，需给予良好的肥水管理。培土不宜过早。

（14）天津五叶齐 该品种因其生长期间始终保持五片绿叶、如手指张开状、叶片上冲，心叶两侧叶等高，故定名为“五叶齐”。植株高大，葱白粗长，葱白肥大、细嫩、不分蘖，味道微甜、辛辣。株高120～150厘米。葱白直径3～5厘米，长45厘米左右，单株重0.4～1.0千克。生长迅速，产量高，平均亩产可达5 000千克，最高达7 000千克。

（15）宁红鸡腿葱1号 为西宁市蔬菜技术服务中心经诱变结合常规选育的方法，经4次苗期筛选、生长旺盛期筛选、根选和花期筛选的品种。红棕皮，假茎长，叶色深绿，产量高。在川水地区，平均亩产达3 400～3 500千克；浅山旱地平均亩产达2 400～2 600千克。适宜在青海东部农业区蔬菜产区露地栽培。

（16）天光一本 从日本引进的品种。早熟，耐热、耐寒，生长势旺，植株粗壮，直立；叶深绿色，厚硬，叶表面披蜡粉。株高100厘米左右，假茎长30～35厘米。葱白直径2.5～3.5厘米，长25～35厘米，叶鞘包裹紧密，具光泽，单株重250～350克（图3-6）。

图3-6 天光一本

（17）什全一本 从日本引进的品种。是生长快，栽培容易的新型杂交大葱。兼具耐寒性、耐热性，适宜多茬口播种。整齐度高、品质好，葱秆结实，叶片直立性好。葱白长度可达 45 ~ 50 厘米，产量高（图 3–7）。耐病性强，不易发生枯尖。

（18）惠和二号　从日本引进的品种。生育旺盛，为秋冬收获的杂交大葱。3—5 月份皆可播种，叶色非常浓绿，直立性好，严寒气候下折叶少。葱白可长达 45 ~ 50 厘米，商品率高，容易加工整理（图 3–8）。耐病性强，苗期容易管理，适宜大面积工厂化育苗。

图 3–7　什全一本

图 3–8　惠和二号

（19）荣夏　从日本引进的品种。生长速度特别快，葱白长 45 ~ 50 厘米，根系发达，对高温多雨环境的耐受性强。葱白商品性超群，葱秆粗壮，葱叶直立厚实，杂交优势非常明显（图 3–9）。亩产量高，适应多种茬口栽培。

图 3-9 荣夏

（20）宇都二号 耐热、耐涝、中短叶片品种，株高 100 厘米左右，叶片颜色浓绿。适合夏季及早秋季节销售商品大葱，更适宜秋季早卖做细葱栽培。

（21）普威晚抽 晚抽薹大葱品种，株高 105 厘米左右，中短叶片，叶色深绿，叶鞘抱合较紧，有一定的耐低温能力，产量较高。可适合山东地区地膜小拱棚越冬栽培。

（22）欣美一号 从日本进口的杂交大葱。耐热性、耐湿性好，抗病性强。早春播种，夏秋收获。生长速度快，茎秆粗壮，产量高。叶色浓绿，叶柄紧实，株型紧凑，肥大性好（图 3-10）。适宜在上海、江苏、河南、青海等地区种植。

图 3-10 欣美一号

（23）欣美晚抽 是适合多种茬口栽培的极晚抽大葱。耐热性、耐寒性强；

叶片坚挺直立，株型紧凑；叶色深绿，叶身稍显细，叶鞘坚实，葱白长、硬度高（图3-11）。抗病性强，栽培容易，产量高。上海、江苏地区适宜在3月15日至4月25日春播；山东春播在4月20日至6月10日，秋播小拱棚栽培在9月20日至10月20日。

图 3-11　欣美晚抽

（24）玖藏二号　早春播种，秋冬季收获的中晚熟品种。从日本进口的杂交大葱。叶柄紧实，叶色浓绿，整齐度出色。耐热性好，耐低温性强，即使低温下也能缓慢生长，田间搁置性好。抗病性强，产量高。品种适宜种植区域为上海、山东、河北、内蒙古等地区。

（25）辽葱 11 号　是以雄性不育系 SK11A 为母本，以高代自交系 L1F-1-5 为父本配制而成的大葱一代杂种。植株生长速度快，整齐一致，株高 115 厘米左右，假茎长 50 ~ 60 厘米，横径 3 ~ 4 厘米，平均单株重 290 克，每亩产量 5 500 千克左右，田间对病毒病、霜霉病、紫斑病的抗性强于对照辽葱 1 号，适宜在辽宁省及其周边地区种植。

（26）辽葱 12 号　是以雄性不育系 nK13A 为母本、以高代自交系 TK20 为父本杂交选育而成的一代杂种。植株整齐，直立性好，生长速度快，长势旺，株高 120 厘米左右。葱白紧实，长 55 厘米，横径 3 ~ 4 厘米。功能叶片数为 7 ~ 8 片，叶色鲜绿，单株重 300 克左右。粗纤维含量少，汁多脆嫩，辛辣味浓。每亩大葱产量 5 500 千克左右。田间抗霜霉病、紫斑病和病毒病能力强于对照辽葱 1 号，适宜在山东、河北、吉林和辽宁等地区栽培。

（五）栽培

1. 栽培茬口与季节

大葱根据收获期和用途的不同，分为春播、夏播和秋播 3 个主要的播种茬口。

（1）春播 早春土壤解冻以后播种，炎夏来临前作为小葱供应，或定植后当年收获秆葱或沟葱，亦可作为越冬羊角葱或留种的种株。

（2）夏播 7 月下旬至 8 月上旬播种，故又称伏葱。由于当年越冬时植株较大，易完成春化过程，因此第二年春萌发早且抽薹开花早。一般在羊角葱之后上市。

（3）秋播 9 月下旬播种，以幼苗越冬，于第二年夏季 6 月上旬定植，越冬前收获。第二年春季抽薹开花，夏季采收种子（图 3–12）。定植时的秧苗可于 5 月上旬至 6 月下旬作小葱上市，也可在立夏前后缩小株距栽成沟葱作秋葱供应，或越冬后作为早春羊角葱供应。表 3–1 为我国部分 2 万亩以上主产区大葱栽培时间安排。

图 3–12 大葱种子生产

表 3-1　不同地区大葱栽培时间安排

产地	播种期	定植期	收获期	备注
石家庄	9 月中旬	6 月上中旬	10 月下旬	
济南	9 月下旬	6 月中下旬	11 月上旬	
青岛	12 月上旬	4 月中旬	11 月上旬	日光温室育苗
沈阳	9 月上旬	5 月上旬	10 月中旬	
长春	12 月上旬	4 月中旬	10 月中旬	河北北部日光温室育苗
佳木斯	9 月上旬	5 月上旬	10 月上旬	
太原	9 月中旬	6 月上中旬	10 月下旬	
凉山	11 月上旬	2 月上旬	7 月上旬	
成都	2 月上旬	4 月中旬	11 月下旬	
漳州	8 月上旬	10 月中旬	5 月上旬	
酒泉	9 月上旬	5 月上旬	10 月中旬	
乌鲁木齐	9 月上旬	5 月上旬	10 月中旬	
南通	3 月上旬	5 月中旬	12 月下旬	
杭州	2 月中旬	5 月上旬	12 月上旬	
楚雄	1 月上旬	3 月上旬	10 月下旬	
西宁	3 月上旬	5 月中旬	9 月上旬	日光温室育苗

大葱忌重茬，一般需进行 3 ~ 4 年轮作，前茬可以是瓜类、豆类、叶菜类和粮食作物。大葱对光照强度要求不高，光饱和点较低，故可与其他作物如甘蓝、茄子、番茄等间套作。

2. 播种育苗

（1）苗床准备　选择土壤肥沃，土质疏松、排灌好，杂草少且前茬避免葱蒜重茬的地块。施足基肥是培养壮苗、减少苗期病害、促进苗期根系发达最主要的措施。整地前每亩施入完全腐熟的有机肥 5 000 千克和磷酸二铵 10 千克做基肥，铺匀后耕翻耙平耙细再整畦，畦宽为 1.2 米，长度可根据地块大小进行调整，要踏实畦埂，准备播种。一般苗床和生产田的面积比为 1 ：（8 ~ 10）。

（2）种子选择 大葱宜用新种子播种，一般实行干播，每亩苗床播种量为 2 ~ 3 千克，稀播不间苗的播种量以 1.5 ~ 2.0 千克为宜。种子播前先进行消毒处理。具体做法是：将大葱种子在福尔马林 300 倍液中浸泡 3 小时，捞出后用清水冲洗干净，然后晾干后播种；也可将大葱种子用 0.2% 高锰酸钾溶液浸泡 20 ~ 30 分钟，捞出后用清水洗净，晾干后播种。

（3）播种时期 根据大葱生产目的不同，可分为露地育苗（露地春播育苗，露地夏播育苗，露地秋播育苗，图 3–13）和保护地育苗（保护地春播育苗和保护地秋播育苗）。

图 3–13 大葱露地育苗

露地秋播育苗对播种时期要求相对严格，因为它要求葱苗冬前长出 3 片真叶，株高 10 厘米左右，茎直径 0.4 厘米以下，以保安全越冬，并防止先期抽薹现象发生。生产实践证明，各地秋播的适宜时间为日平均气温降到 17 ℃左右，与小麦的适宜播种期基本一致。秋播育苗于“小雪”节气浇足冻水，露地用粪土覆盖或风障保温越冬，开春浇返青水，至 5 月份，葱苗长至 30 厘米高即可定植。秋播大葱土地利用率较低，占用苗圃地时间较长，大葱栽植地春季前茬不能种植其他作物，且越冬管理较为费工，因此目前秋播面积较小。露地春播育苗一般在 3 月份播种，6 月底至 7 月初定植，10 月底可作为鲜葱和贮干葱越冬供应市场。春播育苗一般是在当地土壤夜冻日消，地面消冻 15 厘米时顶凌播种，春播育苗的大葱相对于秋播育苗大葱没有先期抽薹的威胁，而且育苗期短，易于管理，可以提高土地利用率。春播育苗的大葱还可以不定植，直接以大葱幼苗供应市场。

露地夏播育苗一般在“小暑”至“立秋”之间播种。因播种比秋播大葱早，在越冬前一般已达到了通过春化要求的苗体大小，具备通过春化的能力，加之露地越冬具备低温条件，越冬期间可以通过春化作用，越冬后随着气温回升和日照变长，不可避免地要发生先期抽薹。因此，这茬大葱应在生长至 4 月份，花薹刚抽生尚且幼嫩时收获。返青时采用小拱棚覆盖，还可以提早上市 5 ～ 7 天。

保护地春播育苗一般在 2—3 月份利用大棚育苗，苗龄 50 ～ 60 天，3 月下旬至 4 月下旬定植在拱棚内。棚内温度白天维持在 15 ～ 25 ℃，夜间不低于 8 ℃，以防先期抽薹。要注意的是春季保护地育苗不能过早，否则幼苗生长期和定植后温度过低，会造成先期抽薹。

保护地秋播育苗一般在 9 月上中旬，以冬前幼苗生长期 40 ～ 50 天，具有 2 叶 1 心，茎直径 0.4 厘米以下，株高 10 厘米为标准。适当调整播种时期，以免播种过晚造成苗小受冻或播种太早而发生先期抽薹。在第二年 2 月上旬覆盖塑料薄膜，夜间可加盖草苫保温，使棚内白天气温维持在15 ~ 25 ℃，夜间不低于 8 ℃。

（4）播种方式 人工播种方式主要为撒播和条播，还可以采用机器播种。非人工播种主要为工厂化穴盘播种。

① 撒播：播种前浇透底水，待水渗透后将种子与细沙土混合，均匀撒播于畦内，覆0.8 ~ 1.0 厘米厚的过筛细土。撒种密度为：在畦宽 1.2 米、长约 25 米的畦面上均匀撒播一罐（90 克）商品葱（图 3-14）种子比较适宜，切记一定不能深播。

图 3-14 商品葱

② 条播：按 15 ~ 20 厘米的行距开沟，沟深 2 厘米，再将葱种均匀播在沟中，覆土后将沟填平，最后用脚踩实，每亩苗床播种1 千克。

③ 采用机器播种：利用播种机的控制系统对播种数量以及株距进行精密控制，将种子放入育苗地土层中。根据播种机不同型号提前试播，调整好适合的播种深度和密度，且育苗地要耙平耙实，切记不能深播，深度掌握在 1 厘米之内。

④ 工厂化穴盘播种：采用播种机械一次性完成基质装填、压穴、播种、覆盖基质全过程（图 3-15）。基质选用草炭：蛭石：珍珠岩 =3 ：1 ：1 进行配比配制，穴盘采用 105、128 或 200 穴进行播种，每穴分别为 4 粒、3 粒或 2 粒。为了促进幼苗生长、预防病害发生，可每立方米基质添加三元复合肥（N-P_2O_5-K_2O 为 15-15-15）0.5 ~ 1.0 千克、腐殖酸类有机肥 3 ~ 5 千克、复合生物菌剂 5 ~ 10 千克（基质菌群密度达到 1×10^7 个活菌落 / 米 ^{3}）。葱幼

苗根系不发达，吸收能力弱，对基质湿度要求高，尽可能选择持水性较强、小于 0.5 毫米粒径占比高的基质组分。要求基质 pH 值为 6.0 ~ 6.5，EC 值≤毫西门子 / 厘米（饱和浸提法）。

（1）

（2）

（3）

图 3-15　大葱穴盘育苗

（5）幼苗管理

大葱播种后，7 天左右即可出苗，出叶慢且叶小，苗龄长，加之土地肥沃、湿润，因此，地面易生杂草。应尽量采用人工除草或加覆盖物除草等物理防治方法，要及时在杂草幼小时拔除，以免影响葱苗健壮生长。

苗期浇水要适当控制，在真叶长出后，根据天气情况浇水 1 ~ 2 次。水量不宜过多，以免秧苗徒长。秋播秧苗越冬前要浇 1 次水，但时间不宜过早，水量不宜过大，防止因浇水而降低地温。越冬前是否对幼苗追肥，要视实际情况而定，如果苗床施足了基肥，一般不需追肥，防止幼苗过大或徒长；如果苗小且基肥不足，可随浇冻水追肥 1 次。定植前视苗情追肥 1 ~ 2 次，第一次亩追施尿素 5 千克，第二次亩追施速效水溶肥 10 千克，冲施、洒施均可。育苗时要注意保持苗床湿度，定植前 7 天要蹲苗不再上肥上水，使苗株充实，须根多而粗壮。

由于大葱属绿体春化作物，对于秋播大葱，如果幼苗徒长过大，可感受低温而通过春化阶段，以后随着天气转暖易发生先期抽薹现象；幼苗过小，越冬困难，造成死苗或影响第二年的产量。实践证明，葱苗越冬前具有 2 ~ 3 片真叶，株高 10 厘米左右比较适宜。

当幼苗高 30 厘米，出现 3 ~ 4 片叶时，要在定植前 15 天左右停止浇水，锻炼幼苗，使叶片老健，假茎紧实，以利于移栽。定植的壮苗标准是：壮苗标准为苗龄 55 ~ 60 天，株高 20 厘米左右，4 叶 1 心，假茎直径 0.7 厘米左右，无病虫害。

（六）定植

1. 定植期

大葱产量的高低与定植时期有密切关系，在一定范围内，早定植增产显著。大葱定植期的确定，一是要根据当地的气候条件，保证在停止生长前（日平均气温 7 ℃）有 100 天以上的生长时间。二是与上茬作物的腾茬时间相关，北纬 40° 以南的平原冬麦区，大葱定植正是在小麦收割之后，但越靠北，收麦与定植大葱的间隔时间越短，必须抢时进行。三是与育苗方式相关，春播育苗一般比秋播育苗的苗子小，故定植期应晚 15 天左右。华北地区多在 5 月上旬至 7 月上旬定植。定植过早，葱苗较小，生长缓慢；定植过晚，秋苗徒长，栽苗困难，易倒伏，且缓苗期正值高温多雨，幼苗易感染病害和因田内积水沤根、高温干旱等非生物胁迫致死。一般应在适期内及早定植，当雨季和高温来临时，葱苗已缓苗返青。入秋转凉时，植株已形成强大的根系，可迅速转入葱白生长旺盛期。株型较小的葱苗，可在苗床地撒大量元素水溶肥促进生长，较大苗延迟 10 余天定植。

2. 土地准备

大葱定植前茬以 3 年内未种过葱蒜类作物的田块为宜，选择地势高燥、土层深厚、排灌方便、地力肥沃的地块栽培。

在中等肥力条件下，结合整地每亩撒施优质腐熟有机肥 2 000 千克、复合肥 50 ~ 100 千克，施肥后深耕细耙，精细整地，深翻 25 ~ 35 厘米，使土肥混合均匀，耙平后开南北走向的条沟，条沟宽 30 厘米、深 30 厘米，沟行距 80 厘米左右。定植期接近雨季的地区，栽葱地不需翻耕过深。深耕因土层松散，开沟栽植时易塌沟，并易积水涝苗。可浅耙灭茬，清除枯枝、落叶和杂草，随时挖沟，随时定植。

3. 定植方法

大葱的定植方法有排葱和插葱两种。

（1）排葱法　鸡腿葱和短葱白类型的品种用排葱法较为适宜。具体方法是：沿着葱沟的一侧按株距摆放葱苗，葱根稍压入沟底松土内，再用小锄从沟的另一侧取土，埋在葱秧外叶分杈处，用脚踩实，顺沟浇水。或先引水灌沟，水渗下后摆葱秧盖土，排葱法具有栽植快、用工少的优点，但缺点是葱白下部不直，影响外观质量。

（2）插葱法　插葱法适用于长葱白品种。具体方法是：将葱苗基部放在栽植处，用木棍下端压住葱根基部垂直下插，葱苗随木棍进入沟底的松土中。先浇水，待水渗下时插为“水插”；先插栽，后浇水为“干插”。插葱时，葱叶的分杈方向要与沟向平行，便于田间管理时少伤叶。为了防治地下虫害，可在栽植时撒 3% 的噻虫嗪颗粒剂或 3% 辛硫磷颗粒剂等于土壤表面。

起苗前，育苗畦要先浇 1 次水，使起苗时干湿适宜。但不能太湿，否则会造成根系带泥土不便分级和栽苗。起苗时，抖净泥土，选苗分级，除去病苗、弱苗、残苗和抽薹苗，要尽量保留完整的根系，减少损伤。移栽时需将葱苗整齐摆放，根部向下，株距 3 ~ 4 厘米，然后按照 3 ~ 5 厘米厚度覆土。

（七）定植后田间管理

1. 水分管理

大葱定植后，缓苗期结束正值炎夏多雨季节，植株及根系的生理功能减弱，生长极缓慢。但它的耐高温、耐旱能力远比耐涝能力强，所以宁旱勿涝，一般不浇水，雨后及时排水，切忌积水，以便迅速让根系更新、植株返青。在插葱时，木棍在拔出后留下的小洞，俗称葱眼。保留葱眼有防止水浸根系而引起腐烂的作用。

立秋以后，天气转凉，大葱开始生长，但生长比较缓慢，对水分的要求不高，此时应少浇水，浇小水，保持土壤湿润即可。要选择清晨浇水，避免中午浇水，否则会导致土壤降温剧烈而影响根系生长。

白露前后，昼夜温差加大，大葱进入生长的旺盛时期，平均7 ~ 8天可长出一片新叶子，这也是葱白形成的重要时期，需要充足的水分和养分。一般4 ~ 5天浇1次水，且要浇大水，要浇足浇透。浇水时间宜选择在早晨，此阶段共需浇水7 ~ 10次。

寒露以后，天气日益冷凉，大葱基本长成，管状叶面积的增长已趋于最大，且开始缓和，生长减慢，需水量减少。此时需减少浇水频率，一般浇2次水即可。但要保持土壤不见干，如果缺水，则叶片软，葱白松软，产量低，品质劣。收获前7 ~ 10天停止浇水，防止植株含水量过多而不利于贮藏运输。

水分对大葱的产量和品质的形成至关重要。水分充足时，大葱叶色深，蜡粉厚，叶内充满无色透明的黏液，葱白也显得洁白且光泽，平滑且细致，即使经过几次重霜，葱叶也不垂萎；水分不足时，叶细、发黄，产量和质量都随之下降。

2. 追肥

根据前茬地力和基肥情况追肥2 ~ 3次，并按照植株的生长发育阶段，分期进行。一般在秋凉以后，结合灌水、培土等开始追肥。第一次追肥在立秋后，每亩施腐熟的有机肥1 000 ~ 1 500千克，或尿素、硫酸钾各15千克，如果土壤缺磷，则加施过磷酸钙25 ~ 40千克。肥料施于沟脊，中耕混匀，锄于沟内，而后浇水，能满足叶片生长需要，为葱白的膨大打好基础。白露以后，气温凉爽，植株生长加快，大葱进入葱白生长的旺盛期。这时进行第二次追肥，每亩施尿素 15 ~ 20 千克，草木灰 100 千克，施于葱的两侧，中耕培土，然后浇水。第三次追肥在 9 月下旬或 10 月上旬，每亩施尿素 8 ~ 10 千克，撒在行间沟底，结合中耕，将肥料埋入土中，而后浇水。注意每次追肥后应及时灌水，可促进肥料分解，以利于根系吸收。

3. 培土软化

培土是软化叶鞘、防止倒伏、提高葱白质量和产量的关键措施。大葱葱白的叶鞘细胞分裂和生长需要黑暗、湿润的环境条件和营养物质的输入。一般培土越高，葱白长得越长，组织也越充实，越洁白。

培土主要在葱白形成期进行。培土过早，环境温度高，土壤高温干旱易烤苗，高温高湿易引起烂根，而且在高温下葱白延伸生长缓慢；培土过晚，则使葱白形成的有效时期缩短，影响产量和质量。立秋前培土以平沟填土为主，立秋后开始第一次培土。

大葱每次培土的高度应根据葱白生长的长度而定，以不埋住葱心为标准。一般每次培土高度为 3 ~ 4 厘米，取土的总深度不宜超过开沟深度的 1/2，取土的宽度不得超过行距的 1/3，否则会影响根系生长，大葱培土次数和培土高度应依品种而异，葱白较长的品种需适当多培土，培土的总高度 30 ~ 40 厘米；葱白较短的品种应适当减少培土高度和次数，培土总高度约 20 厘米。一般从立秋到收获培土 3 ~ 4 次，前 2 次培土主要为破垄填沟，后 2 次培土则为挖土成垄，将原来的沟培成垄。

培土应在土壤水分含量适宜时进行，以土壤松软，无土块为好。为防止雨水冲刷和浇水塌落，应边培土边将土拍实。培土宜在下午进行，以免露水多，湿度大，引起培土后产生烂茎现象。培土时应注意不要碰折大葱叶片，以免影响正常生长。

（八）大葱高效栽培模式

常年种植单一作物的土地会出现土壤板结、病虫害严重等问题，导致植株生长不良，产品的产量或品质下降。为了解决以上问题，可进行大葱与不同作物轮作、套作、间作或伴生等栽培方式，既增加了地上部植物的多样性，又调节土壤下部的微生物结构，从而促进植物生长。与大葱轮作的作物有冬小麦、大蒜、球茎甘蓝、生姜、马铃薯、西瓜、胡萝卜、西红柿、长豆角、黄瓜等，具体栽培茬口见表 3–2。

表 3–2　与大葱轮作的作物

地点	与葱轮作作物	大葱茬口安排	轮作作物茬口
郯城县胜利镇	前茬冬小麦	3 月底育苗，6 月 20 日移栽，11 月下旬收获	10 月 15 日播种，翌年 6 月初收获
沈旦堡镇大台村	前茬大蒜	清明节前育苗，7 月 5 日移栽，10 月下旬收获	3 月 11—12 日播种，6 月末收获
大民屯三村	前茬甘蓝	5 月 1 日育苗，6 月 25 日移栽，10 月下旬收获	3 月初育苗，4 月 10 日移栽，6 月 20 日收获
济南市农业科学研究院	前茬生姜	4 月中旬育苗，在生姜收后移栽，12 月至翌年 1 月收获	1 月中旬播种，7—8 月收获
河北省易县	前茬甘蓝	4 月 23 日育苗，6 月 15 日移栽，9 月 20 日陆续采收，至 11 月中旬完成收获	12 月 25 日至翌年 1 月 5 日育苗，3 月 20 日左右移栽，5 月 20 日开始分批收获，6 月中旬收完
黑山县段家乡	前茬马铃薯	5 月 1 日播种，7 月 5 日移栽，10 月末收获	马铃薯于清明前播种，6 月末收获

续表

地点	与葱轮作作物	大葱茬口安排	轮作作物茬口
黑龙江省农业科学院	前茬西瓜	8 月 20 日棚内播种，于翌年移栽收获大葱	西瓜于 4 月初播种，5 月 9 日移栽，7 月 28 日开始陆续收获
蔡牛镇红崖咀村	前茬胡萝卜	4 月 20 日播种，7 月移栽，10 月上旬开始收获	3 月底播后覆膜，7 月 1 日销售
贵州省修文县	前茬西红柿	8 月 15 日播种，11 月初移栽，5 月末或 6 月初收获	4 月下旬育苗，6 月上旬移栽，10 月陆续收获
上屯镇赵基屯村	前茬长豆角	4 月初播种，6 月末移栽，10 月中旬开始收获	春季小拱棚播种，4 月初定植，6 月下旬收获
山东省聊城市	后茬黄瓜	12 月底播种，3 月中旬移栽，9 月初收获或 3 月中旬播种，5 月中旬移栽，9 月中旬后可根据市场价格陆续收获	9 月 15 日移栽，1 月 15 日拉秧或 9 月中旬育苗，10 月上中旬移栽，12 月上中旬开始陆续收获

资料来源：贾俊香等（2022）。

大葱根为须根系、入土比较浅，主要吸收表层土壤的营养，与花生、莴笋、桔梗、茄子、萝卜、马铃薯和菜花等主根系入土深作物间作或套作，便于吸收土壤不同层次的养分，具体栽培方法见表 3–3。

表 3–3　与大葱间（套）作的作物

地点	与大葱间（套）作的作物	套作模式
郑州市蔬菜研究所	花生	在大葱的行间套作花生采取 1 ∶ 1 的种植比例，葱株行距为 4 厘米 × 80 厘米，花生株行距为 15 厘米 × 80 厘米
郑州市中牟县	花生、莴笋	大葱 4 月 10 日育苗，6 月 5 日移栽，11 月下旬收获，花生 4 月中下旬播，8 月上旬收获，莴笋 10 月下旬播种，12 月中旬移栽，翌年 4 月上旬收获

续表

地点	与大葱间（套）作的作物	套作模式
山东农业大学	桔梗	大葱和桔梗在4月中旬移栽，移栽比例分别为1∶2、1∶3和1∶4，大葱株行距为6厘米×20厘米，桔梗为6厘米×25厘米，10月后可陆续收获
辽宁省朝阳县羊山镇	马铃薯	马铃薯3月20日后播种覆膜，6月中旬采收。6月上旬在马铃薯垄沟定植大葱，葱间距6厘米，10月中旬后收获
黑龙江省宁安市	大蒜	大蒜3月27日至4月5日播种，蒜薹10～16厘米时采薹，待假茎松软皮干时收获蒜头，蒜苗6～7片叶时（6月10—15日）移栽大葱，株距6～7厘米，9月末收获
青海省西宁市	萝卜	早春萝卜在4月中下旬起垄铺膜点播，垄宽40厘米，垄高15～20厘米，每垄2行，株距20～25厘米，6月下旬萝卜收获。萝卜点播30天后即5月中旬后在垄沟内定植大葱，苗间距4～5厘米，10月下旬采收大葱
福建省泉州市沿海县	萝卜	萝卜9月采取覆盖地膜开孔直播，45～60天可以间拔上市，大葱7月中下旬至9月育苗，45～60天苗龄在萝卜播后30天可移栽，翌年1月20日至4月开始分批收获大葱
北京市密云区种植业服务中心	茄子	大葱和茄子于4月22日定植，定植比例为2∶2或4∶4，分别在8月13日及8月27日收获
河北邯郸近郊区	莴笋、大葱、菜花	莴笋头年秋季育苗，4月下旬至5月上旬收获，收获后定植大葱，8月下旬至9月上旬大葱隔行收获，之后在葱行间套种菜花，剩余葱在11月上旬收完

（九）产品收获、贮藏与加工

1. 收获

大葱的收获应根据栽培地区、栽植季节和市场供应方式而定。

秋播苗早植的大葱，一般以鲜葱供应市场，收获期在9—10月份。春播苗栽植的大葱，若作鲜葱供应则应在10月上旬收获。供越冬贮藏上市的葱，要尽量延迟采收时间，一般在管状葱叶内水分减少，叶肉变薄下垂时（一般在10月中旬至11月上旬）收获较为适宜。收获过早，气温尚高，不耐贮藏，而且心叶还在生长，葱白不充实，易空心；收获过晚，葱白易失水而松软，影响葱白产量和品质，并且容易遭受冻害而引起腐烂。

收获时，可以采用人工收获或者机挖机收的方式，机挖机收因高效省工，正逐渐成为主流采收方式。人工采收时，用铁叉从大葱垄一侧下挖至葱白基部须根处，将土劈向外侧，用手轻拔出大葱，抖净泥土，平摊在地面上适当晾晒（图3-16）。收获时注意勿损伤假茎，不可拉断茎盘或断根而降低商品质量。立冬前收获大葱时，要避开早晨霜冻，叶片遇霜冻后，挺直脆硬，一触即断。大葱叶片折断后，贮藏时水分损失严重，易染病霉烂。

目前大葱的收获机分为分段式大葱收获机和联合式大葱收获机。分段式大葱收获机可将大葱从地里挖掘出来，后期人工捡拾收

图3-16　大葱人工采收

集，机械化解决大葱挖掘过程中劳动量最大的挖掘部分；联合式大葱收获机不但将大葱挖掘出地面，而且在作业过程中对大葱进行输送、清土、收集等操作，基本实现人工零劳动力作业。

2. 贮藏

大葱是冬季最耐贮藏的蔬菜，在 –30 ℃的低温下，即使葱白冻透变硬，在 0 ℃以上的低温条件下，还可以慢慢缓解。因此，北方多采用露天冻贮的方式贮藏。方法是将大葱码成单捆垛，垛高 80 ~ 100 厘米，垛与垛之间留通道。在东北，冻藏到 3—4 月，成品率可达 70% 以上。在山东等地区，也常采用微冻沟藏，具体做法是：大葱收获后就地晾晒数小时，清洗干净，捆成 10 千克的捆，在通风较好的地方堆放 6 天左右，使大葱外表水分完全阴干。与此同时，选择背阴通风处挖沟，沟深 33 厘米左右，宽 150 厘米左右，长度视贮藏量而定，沟距 50 ~ 70 厘米。若沟底湿度小，可浇一次透水，待水全部渗完，把葱一捆一捆地栽入沟内。最好再用 30 ~ 35 厘米长的玉米秆在大葱周围插一圈，以利通风散热，并用土覆盖葱白部分。严冬到来前，用草帘或秸秆覆盖在沟表面，此法可将大葱贮藏到翌年 3 月。大葱冻贮期间的管理目标是，始终保持大葱处于冻结状态，切不可反复地解冻和冻结。

大葱也可在 0 ~ 1 ℃不冻结状态下低温库藏，保持 80% ~ 85% 的相对湿度，保持通风，使大葱外表始终保持干燥，可以有效预防贮藏病害。贮藏过程中，要经常检查葱捆内部。若发现葱捆中间有发热变质的部分，要及时剔除，防止腐烂蔓延。如发现葱捆潮湿，且通风又不能排除时，则需移出库外，打开葱捆，重新摊晒晾干后再入库。

3. 加工

出口大葱主要是葱白保鲜出口或者是葱白切片速冻出口，其采收标准应根据对方要求而定。目前出口日本的要求是：全长 57 厘米，切除多余部分，茎直无断叶。白茎长 35 厘米，直径 1.8 ~ 2.2 厘米，外形圆整，皮色洁白，不干燥，无须根、不干瘪、无发芽、无霉变、无虫害及机械伤。3 根 1 束，重量为 330 克左右。整理加工后装箱。每 15 束为一箱，将大葱入库彻底预冷，温度设定为 5 ℃，装运集装箱时，温度设定为 1 ~ 3 ℃。

4. 大葱油的提取方法

从大葱中提取油的成分可以用水蒸气蒸馏法、有机溶剂法、减压蒸馏法。

（1）水蒸气蒸馏法　其原理是将水蒸气通入不溶于水或难溶于水但具有一定挥发性的有机物质中（大葱油具有一定的挥发性）使该有机物在低于 10 ℃的温度下随水蒸气一起蒸馏出来，再经进一步分离获得较纯物质。

工艺：大葱→去皮去叶→洗净→切碎→水蒸气蒸馏→油水分离→大葱油。

该方法的关键是掌握蒸馏温度、蒸馏时间、粉碎度等以确定最佳的提取工艺条件。该方法具有设备简单、成本低、稳定性好等特点，是最常用的工业化生产方法之一。但由于蒸馏耗能较大，蒸馏温度相对很高，受热易分解，最终导致风味差、有效成分含量低。

（2）有机溶剂法　大葱油微溶于水，易溶于乙醇、苯、乙醚等有机溶剂，利用这一性质，可以用有机溶剂将大葱油浸提出来。该法得到的大葱油与水蒸气蒸馏获得的大葱油没有明显的区别。该法提取大葱油有机溶剂的选择是关键，要求溶剂对大葱油的溶解性好，浸提结束后易于分离，沸点差异显著，不含其他不良气味，易回收。

工艺：大葱→去皮、去叶→漂洗→阴干→切碎→回流抽提→除抽提有机溶剂→精制→大葱油。

有机溶剂浸提法的优点是出油率比水蒸气蒸馏法稍高，且省去了蒸馏的设备，缺点是由于使用有机溶剂成本相对较高，其他可溶性物质的含量偏高，要注意控制溶剂残留量。

（3）减压蒸馏法 本工艺通过蒸馏真空度、温浸条件（如蒸馏时间、粉碎度）、萃取溶剂的筛选进行。提取方法是将大葱去皮粉碎成匀浆，按质量 1 ∶ 1 加水混匀。室温放置或在不同温度下浸泡并且放置的时间各不相同，在 6 000~7 000 帕真空度下以 -5 ℃冰盐水冷却，蒸馏一定时间收集蒸馏液，分别用不同体积的有机溶剂萃取几次；混合萃取液加无水硫酸钠（Na_2SO_4），脱水回收有机溶液得葱油。

四、薹韭

薹韭是江苏省徐州市铜山区农业农村局科技人员从韭菜地里的自然变异株中，经多代定向混合选择，筛选出的可以在3月下旬抽薹，以花薹为主要产品，薹、韭兼用的新品种。薹韭具有极高的经济和营养价值，已成为徐州地区韭菜栽培中的主要品种。

薹韭主要以叶、叶鞘和花薹为食用器官，是人们喜爱的蔬菜品种之一。薹韭营养丰富，每100克鲜薹韭含水分91 ~ 93克，碳水化合物3.2 ~ 4.0克，蛋白质2.1 ~ 2.4克，脂肪0.5克，维生素C 39毫克，胡萝卜素3.21毫克。其挥发性物质硫化丙烯具有芳香味，能增进食欲。薹韭中的胡萝卜素含量仅次于胡萝卜，是番茄的8倍，黄瓜的25倍，大白菜的80倍。

薹韭除了具有食用价值外，还有很好的医疗保健作用。据有关资料报道，薹韭因含有大量的胡萝卜素，对皮肤皴裂、夜盲症、干眼症以及便秘患者特别有益。用薹韭叶或根捣烂敷淤血肿痛处，可以消肿止痛。此外，薹韭还有消炎灭菌、兴奋神经等一系列特殊的作用。

薹韭有较高的经济价值，比其他韭菜品种可提前半个月左右上市，极大地丰富了元旦、春节两大节日市场，而且可提前3个月产薹，断薹期延长1个月，韭、薹累计供应期长达10个月，较常规品种增加6 ~ 7个月，有效地弥补了蔬菜供应短缺期，增加了市场花色品种，提高菜农的经济收入。

（一）形态特征

1. 根

薹韭的根为弦线状肉质须根，没有主、侧根之分，更少有根毛发生。薹韭根系的寿命较短，但更新能力很强，随着新根的不断发生和生长，老根也逐渐衰老而死亡，这种现象称为“换根”。一年生薹韭的根主要着生于短缩茎基部，二年生薹韭的茎盘开始伸长并继续发生新根，且新根的发生部位偏向外侧。随着植株年龄的增加，根系下部和衰老的根系逐年不断死亡，上部不断生长新根，造成薹韭的有效根系逐年向地表上移，这种因根系新老更替而导致根系逐年上移的现象称为“跳根”。由于跳根的特殊性，栽培上对多年生薹韭应注意及时培土盖肥，防止根系和根茎外露。

薹韭的根除具有吸收功能外，还具有贮藏营养的功能。与其他蔬菜相比，薹韭的根系分布浅，根数少，吸收能力弱，因而喜肥沃的土壤，并要求充足的肥水。

2. 茎

薹韭的茎分营养茎和花茎（花薹）两种，营养茎的形态会随薹韭植株年龄的增长而发生变异。一二年生薹韭的营养茎呈扁圆锥体，形如铁饼，故称为茎盘。茎盘顶端中心部分着生顶芽，不断分化叶，并最终分化花茎；茎盘上部生长叶，并为叶鞘所包被；茎盘下部生根。随着薹韭年龄的增长，茎盘顶端因分化花茎而停止叶的分化，但由于叶腋不断产生分蘖，新的芽上又有营养茎，再继续分化叶和花茎。分蘖使营养茎产生分枝，形成分杈的根状茎。根状茎随着分蘖部位的不断上移而上移，并引起跳根。下部的老根死亡后，根状茎也逐渐解体。

分蘖是薹韭的一个显著特征。它属于营养生长的一种形式，首先在靠近生长点的上位叶腋形成分蘖芽。分蘖初期，蘖芽和原有的植株被包在同一假茎内，随着蘖芽生长和分蘖叶片数目的增多，封闭的叶鞘胀破而形成独立的地上植株，但地下仍与母株的根茎相连。分蘖本质上相当于普通植物的分枝。

二年生薹韭进入生殖生长阶段，只要经历低温时期，每年植株的顶芽都可发育形成花芽，并在长日照条件下抽生花薹。薹韭花薹棱柱形，顶端着生花序。

3. 叶

薹韭的叶可分为叶身和叶鞘两部分。叶身俗称叶片，扁平、狭长、带状，是薹韭的同化器官，也是主要食用部分。成龄叶的叶片一般长 23 ~ 33 厘米，宽 5 ~ 11 毫米，因品种而差异很大。叶片的表面覆有白色蜡粉，并有一层较厚的角质层，气孔陷入角质层内，属于耐旱的结构特征。成年的植株一般有叶 6 ~ 9 片，簇生于盘状茎上。叶身一般为绿色或深绿色。叶鞘位于叶的基部，呈圆筒状，层层叶鞘闭合包围形成圆柱形或扁圆形假茎，着生于营养茎上。叶鞘白色或浅绿色，其长度因品种而异，一般为 5 ~ 20 厘米。

薹韭叶的细胞分生带在叶鞘基部，叶片长成已经停止生长时，叶鞘还在继续延伸生长。即使上部叶片及叶鞘收割后，叶鞘基部细胞仍在不断分裂、膨大，使之不断地分化出新叶来。所以，薹韭收割后不久又可生长出新叶来，这也是薹韭可以一年多次收割的生理基础。

薹韭叶片在遮光或黑暗条件下，叶片和叶鞘黄化，组织柔嫩，这也是利用遮光、培土等措施生产韭黄的生理基础。

4. 花

薹韭花薹高 26 ~ 75 厘米，每个花薹顶端着生一个花序。花未开放前外面有苞片包着，整个花序为一花序苞。一般抽薹 15 天左右总苞开裂，伞形花序的小花随即散开。每一花序有小花 20 ~ 60 朵，最多可达 180 朵，开苞后 5 ~ 7 天小花逐渐开放。薹韭为两性花，每朵小花外有花被 6 片，内有雄蕊 6 片，雌蕊 1 枚，子房 3 室。异花授粉，主要依靠昆虫传粉，留种时，不同品种的空间距离应在 1 000 米以上。

在同一花序内，多数花药散粉与雌蕊成熟有一定的时间差。花药只在白天开裂，在花完全开放后约 2 小时开始散粉，以后逐渐萎缩或脱落，但有的花药在开花后 28 小时才开始散粉。雌蕊的柱头在开花初期不明显，呈尖状，开花后约 28 小时呈明显球状，并有黏液出现，此时极易黏着花粉。开花后 2 ~ 4 天内为最佳授粉期。

5. 果实和种子

薹韭的果实为蒴果，三棱形，内分 3 室，每室有种子 2 粒，室间有膜片相隔。果实成熟时种子易脱落，应及时采收。

种子盾形，表皮银黑色，背面凸出，腹部较平或凹陷，背腹面均有细密的皱纹，并有较厚的蜡质层。薹韭种子千粒重 4 ~ 6 克，休眠期极短，采收后短暂后熟即可萌发。种子寿命短，一般约 2 年，生产上宜选用当年新种子。

（二）生育周期

薹韭为多年生宿根蔬菜，一般从种子播种后第二年进入生产期，以后每年都会经历一个生长发育周期，也是一个生产周期。薹韭一个栽培周期可连续收割多年，短则 4 ~ 5 年，长则 10 年以上。薹韭的生长发育过程遵循一定的顺序，首先是营养生长，而后是生殖生长。二年生以上的薹韭，营养生长与生殖生长交替进行，并表现一定程度的重叠性。

1. 营养生长期

薹韭从种子萌动到花芽分化的一段时期为营养生长期，主要进行根、茎、叶的生长。这一时期又可分为发芽期、幼苗期、营养生长盛期和越冬休眠期。

（1）发芽期　从种子萌发到第一片真叶出现，为发芽期，需10 ~ 20天。薹韭的种子种皮坚硬，吸水力差，内部贮存的营养物质少，出土慢。这一阶段如果缺水则易导致幼苗枯死。

（2）幼苗期　从第一片真叶出现到定植，为薹韭的幼苗期，需40 ~ 60天。幼苗出土后，以根系生长为主，地上部分生长相对缓慢。当薹韭幼苗高度达到18 ~ 20厘米时，即可定植。

（3）营养生长盛期　从定植到进入越冬休眠，为营养生长盛期。薹韭定植后，经过缓苗，植株相继发生新根和新叶，而后开始根、茎、叶的旺盛生长，部分植株开始分蘖。当年春播薹韭，植株长出5 ~ 6片叶时，便可发生分蘖，如果营养充足，以后每年都可进行分蘖。薹韭分蘖能力的强弱与品种、植株年龄和营养状况有很大关系，其中营养状况是主要因素。而植物营养状况的好坏，又与播种时期、播种量、栽植密度、每年收割次数、肥水管理水平等有关。如果播种过晚，则当年不易分蘖；栽植过密，每年收割次数过多，水肥供应不足，都会影响植株的营养状况，使分蘖次数及每次分蘖株数减少。植株年龄与分蘖也有密切的关系，一般二至四年生薹韭的生长势强，分蘖力强，产量达到高峰期。以后由于老龄根茎的衰亡，到一定株龄后，植株的新生蘖数和死亡蘖数达到动态平衡状态。

（4）越冬休眠期　入冬以后，当月平均温度降到2 ℃以下时，叶片和叶鞘中的营养物质开始向叶鞘基部、根茎及根系中回流，叶片则逐渐枯萎，植株进入休眠状态。薹韭的越冬休眠期一般为15 ~ 20天，为确保安全越冬，应使植株在越冬前积累充足的养分，因而要求在薹韭回秧前40天停止收割，促进养分积累，并加强越冬期间的防寒管理。

2. 生殖生长期

从花芽开始分化到授粉受精后种子发育成熟，为薹韭的生殖生长期，又可细分为花芽分化期、抽薹开花期和种子发育成熟期。

薹韭属于绿体春化型植物，必须在植株长到一定大小后，经历充分的低温，才能通过春化阶段并开始花芽分化，之后在长日照条件下通过光照阶段，才能抽薹开花。萌动的种子和过小的植株，即使满足低温条件也不能通过春化阶段。薹韭的花芽分化一般是在播种后经历了一个低温季节后完成的，在播种后第二年的春夏季节抽薹开花，并在夏秋季完成种子发育成熟期。完成第一个生长发育周期后，多年生的薹韭植株已有足够大的营养体，以后每年只要经历充足的低温和长日照条件，都可以抽薹、开花、结籽。一般两年以上的植株，其生殖生长与营养生长交替进行，并且两个时期也有一定的重叠。

（三）对环境条件的要求

1. 温度

薹韭属于耐寒性多年生宿根蔬菜，对温度的适应范围较广，既有很强的耐寒性，又有一定的耐热能力。但不同生育期和不同器官对温度的适应能力有很大差异。薹韭种子发芽的最低温度为2℃，适宜温度为15 ~ 18 ℃，低温下发芽缓慢。幼苗期适宜的温度为12 ~ 24 ℃，最适温度为15 ℃，高温下生长缓慢。营养生长盛期适宜的温度与幼苗期基本一致，25 ℃以上生长几乎停滞，处于半休眠状态。当植株长到一定大小并积累充足的营养后，在低温条件下薹韭可通过春化，开始花芽分化。薹韭春化最有效的低温范围是 2 ~ 5 ℃，二年生和多年生的薹韭，每年必须重新感受低温，才能抽薹开花。随着薹韭营养体的增大，感应低温的能力增强，因此每年所需要的低温时间逐渐缩短。抽薹开花期对温度的要求达到生育期生长适宜温度的最高值，适宜温度为 20 ~ 26 ℃。

薹韭叶子一般能耐 –5 ~ –4 ℃的低温，早春当日平均温度达到 0 ℃左右时，开始返青，新发生的嫩叶如遇到晚霜，一般只有叶尖微变紫色。薹韭叶生长的适宜温度为 12 ~ 24 ℃，在这一温度范围内，生长快、产量高、品质好。薹韭叶的耐热能力较差，气温在 25 ℃以上则叶生长缓慢，品质变劣。尤其是在高温伴随着强光和干旱的条件下，叶片生长缓慢，叶色黄化衰老，纤维增多，质地粗硬，品质降低，不堪食用。当温度降到 3 ℃以下时，生长处于停滞状态，叶尖变紫；气温降到 0 ℃以下时，叶尖变白并逐渐枯萎。

薹韭地下根茎的抗寒能力更强，一般可耐 –20 ℃的低温，甚至在气温降到 –40 ℃时也不致受冻。地下根茎的耐热能力也较强，当炎热的盛夏地上部生长受到抑制时，营养向根茎回流，积蓄养分以备下一个生长时期利用。处于休眠状态的根茎，当日平均温度回升到 2 ~ 3 ℃时，地下部贮存的营养被活化，地上部也开始萌动生长。

2. 光照

薹韭生长发育期间要求中等强度的光照，并且有较强的耐阴性。在适宜光照条件下，薹韭光合作用旺盛，碳水化合物的生产和积累多，生长速度快，叶色深绿，营养品质好，产量高。在弱光条件下，叶片生长虽快，但叶片薄，叶色淡，光合作用减弱，叶片瘦、分蘖减少，产量也降低。在无光条件下，也可利用根茎中贮藏的养分生产韭黄。

薹韭营养生长时对日照长短的反应不敏感，无论在长日照还是短日照条件下均能正常生长，生殖生长时则要求中日照以上条件。每天较长时间的光照不仅是薹韭抽薹开花的诱导条件，也是开花结实的重要条件。

3. 水分

薹韭是半喜湿蔬菜，地上部叶片狭长、光滑、有蜡粉，表现出耐旱的特征，所以要求较低的空气温度，空气相对湿度以60% ~ 70% 为宜。薹韭根系浅，根毛不发达，吸收能力弱，因此要求较高的土壤湿度，土壤相对含水量以 80% ~ 90% 最有利于薹韭生长。薹韭在不同生长期对水分的要求不同，从种子发芽到 3 叶期前，都要求较高的土壤湿度；3 叶期后，为促进根系发育和植株健壮生长，应适当控水蹲苗。发棵生长期应增加灌水，保持土壤见干见湿。生长旺盛期生长量大，又是采收期，不可缺水，应经常保持土壤湿润，否则产量低，品质差。薹韭虽然喜湿润的土壤，但也不耐涝，高温雨季应注意排水，以免高温高湿引发生理失调和病害，导致鳞茎腐烂和植株死亡。

4. 土壤营养

虽然薹韭对土壤的适应性较强，要求不严格，但是最好选择土层深厚、富含有机质、保水保肥力强的壤土或沙壤土栽培，以利高产。沙性土壤应注意追肥时少量多次，多施有机肥；过黏土壤应注意排水并多施有机肥，以加强土壤改良。

薹韭对盐碱土有一定的适应能力，但不同生育期的耐盐能力有一定的差异。幼苗期耐盐能力相对较弱，土壤含盐量不宜超过0.15%。幼苗期后一般在含盐量 0.20% 的土壤中薹韭都能正常生长，多年生的成株在含盐量 0.25% 的土壤上也能正常生长。

薹韭耐肥能力很强，但对瘠薄土壤也有一定的适应性。要获得高产、优质必须保证肥料供给。一般每生产 1 000 千克薹韭产品，需要氮 1.5 ~ 1.8 千克、磷 0.5 ~ 0.6 千克、钾 1.7 ~ 2.0 千克。薹韭不同生长期的生长量不同，需肥量也不同。幼苗期生长量和耗肥量小，但根系吸收能力弱，除施足基肥外，还应分期追施速效化肥。营养生长盛期，尤其是春、秋收割季节，生长量和需肥量大，应分期多量追肥。二至四年生的薹韭，生活力旺盛，分蘖力很强，产量也高，需肥量最大，是薹韭一生中肥料需要的高峰期。五年生以上的薹韭，逐渐进入衰老阶段，为了防止早衰，仍应加强施肥。

（四）品种

（1）徐州四季薹韭（图 4–1） 叶色深绿，叶片直立，叶鞘较长，约 9 厘米，直径 0.5 ~ 0.6 厘米；叶长 25 ~ 30 厘米，宽 0.4 ~ 0.8 厘米，扁平且厚，成株叶片数 5 ~ 6 个。分蘖能力强，2 ~ 3 片叶龄时即可分蘖，一般每年分蘖 3 ~ 4 次，每次分蘖 2 ~ 3 株，3 年后分蘖减少。露地 3 月下旬可以抽薹，持续到 10 月下旬，花薹平均粗 0.5 厘米，纤维含量少。每亩可产青韭 1 200 千克，花薹 2 500 千克以上。

图 4–1 徐州四季薹韭
（图片拍摄：张洪永）

（2）铜山 13 号（图 4–2） 色泽翠绿，叶片鲜嫩、甘甜而且清香，辛辣适中。分蘖力强，用种量少。春育夏栽，单株定植，当年秋季分蘖 10 个以上，亩用种量 750 克左右。黄淮海地区采用拱棚栽培，3 月上旬即可抽薹上市，收获期可延至 10 月中下旬。春节前后可割二刀青韭上市，亩产 750 千克左右。之后以产韭薹为主，薹直径 0.4 厘米，长 45 厘米，亩产可达 2 500 千克。

图 4–2 铜山 13 号

（3）春寒 801 叶色深绿，叶宽 1.5 厘米，最大单株重 20 克。韭薹高 55 厘米左右，直径 0.4 厘米，色泽翠绿，味道鲜嫩、甘甜而且清香，辛辣适中，单根重 10 克以上。抗寒早发，在南方一年四季常青，可周年上市；北方拱棚或大棚栽培，春节前 20 天左右可收青韭一茬，春节后 15 天可再收一茬，平均每丛重 200 克，亩产 1 800 千克。3 月下旬可以收获韭薹，比普通品种早近 100 天，每穴可连续采韭薹 100 根左右，可一直采收到 10 月，亩产 1 500 千克左右。

（4）平丰薹韭王 株高 50 厘米，叶色绿，叶鞘长，分蘖性强。利用保护地种植 3 月中下旬即可抽薹，采收至 10 月中下旬，每隔 2 ~ 3 天采收 1 次。韭薹长而粗壮，薹高 50 厘米，单薹重 10

克左右，每亩产韭薹 2 500 千克以上。

（5）台湾韭菜花 生育强健，耐热、耐寒、耐干、耐湿，分蘖性中等，叶形中宽。在台湾南部 3 月起开始抽薹，至 11 月止，因此收获期长，产量高。韭薹粗长，肥嫩少纤维，薹长通常在 30 厘米以上，品质亦佳。

（6）顶丰四季薹韭 以抽薹为主，同时兼顾收割 1 ~ 2 刀青韭。株高 45 厘米左右，叶色深绿，叶片宽厚，生长势旺盛，抗寒、耐热，分蘖率高，早发性强。保护地栽培抽薹早、产薹期长。一般 3 月下旬至 10 月下旬可连续产薹。通常 2 天可采收一次，薹高 50 ~ 55 厘米，韭薹鲜嫩肥壮，品质优良。每亩产青韭 1 600 千克，产薹 2 500 千克左右。

（7）牡丹薹韭 分蘖力极强，一般单株分蘖 15 个左右，多者可达 20 个，株高 40 厘米，叶宽 1.5 厘米，叶色深绿，薹高 50 厘米，薹粗 0.4 厘米。从 2 月中下旬至 10 月下旬，每年可连续抽薹 8 个月，每 3 天采薹 1 次，每墩连续采薹 150 ~ 300 根，平均单薹重 8 克。韭薹长而粗壮，色泽翠绿，粗纤维少，口感鲜嫩，风味极佳，市场上极为畅销。一般每亩产韭薹 2 500 千克，韭菜 2 000 千克，高产田韭薹产量可达 3 000 千克，是保护地栽培韭薹的理想品种。

（8）久星 21 号 叶薹兼用型新品种，株高 45 厘米以上，薹高 55 ~ 65 厘米，叶色深绿，叶宽 1.2 厘米左右，叶鞘长而粗大，最大单株重 45 克。抽薹率高，每穴平均可连续收薹 100 根左右，单薹 10 克左右，在自然条件下，比普通韭菜早发 15 天。抗寒性强，叶片肥厚，粗纤维少，味道鲜美，可连续抽薹，品质佳，产量高，效益好。不分茬次，可连续采收。

（五）栽培

薹韭为耐寒性多年生蔬菜，适应性广，可以周年生产，均衡供应。露地可春、夏、秋三季生产青韭和韭薹，在早春可利用塑料大棚、中棚或其他简易设施生产青韭和韭薹，以鲜嫩的产品供应春季市场。

1. 苗床准备

薹韭的繁殖方法有大田直播和育苗移栽 2 种。生产上，为了便于苗期的集中管理，一般多采用育苗移栽。

薹韭育苗地应选择地势高燥、排灌方便的沙质土壤，以方便苗床管理，减少起苗伤根。前茬作物最好是茄果类、瓜类、豆类、白菜类蔬菜，避免与葱蒜类蔬菜连作。播前结合浅耕，每亩施充分腐熟的有机肥 5 000 ~ 7 500 千克，磷酸二铵 15 千克，然后耙细搂平，使肥土混合均匀。整平后做成半高畦。畦宽 1.0 ~ 1.7 米，长 8 ~ 10 米。

2. 播种时期

薹韭主要以春播为主，适宜时期多在 3 月下旬至 5 月上旬之间。早播的可适当用薄膜覆盖，使种子萌发和幼苗生长处于月均温 15 ℃的气温条件下，以利培育壮苗。播种太早，气温和地温都低，薹韭种子发芽缓慢，出苗慢且不整齐；播种过晚，虽然出苗快，但发芽率低，出苗不全，而且草害严重，特别是出苗后很快进入高温多雨季节，不利于幼苗生长。

3. 播种量

每亩苗床播种 7 ~ 8 千克，育苗地与大田的面积比约为 1 ∶ 8。种子应选用秋季收获的新种子。

4. 播种方法

苗床播种可以用干籽播种，也可浸种催芽后播种。浸种催芽的方法是，在播种前 4 ~ 5 天，把种子放入 30 ℃的温水中浸泡约 24

小时，用干净的湿纱布包裹，置于15 ~ 20℃的温度条件下催芽。催芽期间每天用清水淘洗种子1次，3 ~ 4天后种子露芽即可播种。

苗床播种方法有撒播、条播和宽幅条播3种。撒播是将种子均匀地撒布于苗床，然后覆土。条播是将种子播种在行距10 ~ 12厘米，深1.5 ~ 2.0厘米，宽2厘米的浅沟内，播后覆土平沟。宽幅条播是指不准备移苗定植，采用直播方式，行距40厘米，稀播，成苗后直接间苗。播种前浇足底水，待水渗下后播种，播种要均匀，播后覆土。覆土厚度要适当，为1.0 ~ 1.5厘米。然后稍微镇压一遍，上盖稻草、地膜等覆盖物，增温保湿，约70%种子出土后，及时揭去覆盖物。

5. 苗期管理

薹韭播种后，根据气温，一般7 ~ 10天出苗。齐苗后，及时拔草2 ~ 3次。秧苗管理，掌握前促后控，使秧苗生长健壮，防止徒长、细弱。播种60天后，如果秧苗生长瘦黄，用尿素75.0 ~ 112.5千克/公顷结合浇水，根外施肥。或每7~10天喷1次叶面肥，苗床每次用腐植酸叶面肥750 ~ 900克/公顷对水喷雾。如发现病状，可用70%甲基托布津与叶面肥混喷。苗床管理的主要任务是保墒和及时补水、除草、追肥和防虫等。管理的原则是前期以促为主，加速出苗和发根长叶，后期以控为主，以利培育壮苗。

不同时期播种的，出苗所需天数不同。3月中旬播种的出苗约需20天，4月上旬播种的出苗需12 ~ 15天，5月上旬播种的出苗只需6 ~ 7天。播种后出苗期间保持地表湿润，一般湿籽播种并有地膜覆盖的，出苗前不用再浇水。拱土后应及时撤去地膜，视土壤温度情况决定浇水量。干籽播种，除在播种后浇1次透水外，以后每隔4 ~ 5天还需浇1次水，适期播种的浇2次水后即可出苗。幼苗出土到3叶期前，根系依然细弱而且多分布在土壤表层，因此不能缺水，要保持畦面不干，可以每 5 ～ 7 天浇 1 次小水。当幼苗长出 5 片叶、苗高 15 ～ 18 厘米时，其根系已较发达，这时可适当控水，防止徒长引起倒伏。从苗高 15 厘米左右到雨季来临之前，可以结合浇水追肥 2 ～ 3 次，每次每亩施尿素 10 ～ 15 千克或磷酸二铵 10 千克。

（六）定植

1. 大田准备

选择土层深厚、肥沃、疏松，2 年以上未种植过葱蒜类蔬菜，排水良好的沙壤土或壤土。前茬以种植春甘蓝、春菜花或采种白菜为好。前茬作物收获后，及时清洁田园，深翻晒垡，每亩施入充分腐熟的有机肥 5 000 ～ 6 000 千克，混匀后整平做成半高畦。一般畦宽 1.0 ～ 1.5 米，长度依覆盖条件而定。

2. 定植时间

春分至清明播种的，6 月中旬即可定植。定植过晚，当年秋季生长时间短，鳞茎积累的养分少，对第二年春季的产量有影响。薹韭适宜的定植苗标准为苗龄 80 ～ 90 天，苗高 18 ～ 20 厘米，具有 5 ～ 6 片真叶。

3. 定植方法与密度

薹韭定植前为了减少起苗伤根，应在定植前 1 ～ 2 天向苗床浇水。定植当天随挖苗，随理苗，随栽苗。定植时采用沟栽或穴栽方法。沟栽时，先按行距开沟，沟深 10 ～ 15 厘米，栽后覆土。株行距小易造成韭菜病害重，株行距大不利于提高产量。因此，科学合理的株行距配置不仅可以保证单位产量，还可避免或减少田间病害。适宜的行穴距配置为行距 45 ～ 50 厘米、穴距 8 ～ 10 厘米，每穴定植 2 ～ 3 株。大小苗要分开定植，栽后覆土，以不埋没假茎顶端为宜。每亩栽苗 4 万 ~ 5 万株。为保证移栽质量，移栽时须带线移栽，移栽深度宜掌握在 3 ~ 5 厘米，保持以不埋住分蘖节为宜。栽后应沿行踩实，使韭菜根与土壤充分结合，以利活棵早长。

（七）定植后田间管理

1. 定植当年的管理

定植当年管理着重养根壮秧，培育健壮的植株，既可积累养分顺利越冬，又可为以后的高产打下基础，一般定植当年都不收割。

定植期一般在炎夏前后，定植后应及时灌水，并连续浇 2 ~ 3 次，以保证缓苗。当幼株发生新叶和新根后浇 1 次缓苗水，而后中耕保墒，保持土壤见干见湿，进行蹲苗。高温雨季注意排涝和消除田间杂草。从 8 月下旬起，进入薹韭最适宜生长季节，一般每 5 ~ 7 天灌 1 次水，并结合灌水追施速效氮肥 2 ~ 4 次，每次每亩施尿素 10 ~ 25 千克。10 月份以后，由于根系吸收力减弱，应减少灌水，保持地表见干见湿，停止追肥，以免贪青徒长，影响养分向根茎积累。冬季土壤封冻前灌足冻水，以保护根茎越冬。

2. 定植第二年及以后的管理

薹韭进入定植第二年以后，每年可收割多次，每次收割后要依靠根茎中贮藏的营养物质供应新叶的形成。而新叶进入功能期以后制造的营养物质除供自身生长外，还要向根茎中补充，才能保证下茬新叶的发生。所以正确处理收割与养根的关系是保证高产稳产的关键。

（1）春季管理 春季随着气温回升，经过越冬的薹韭逐渐开始生长，并进入一年中第一个旺盛生长期。这时管理的主要任务是中耕、除草、灌水、施肥。三年生以上的薹韭，还要做好剔根、培土等工作。薹韭返青后，应及早清除地上部的枯叶、杂草，搂平畦面，使植株基部较好地接受阳光，提高地温，促进萌芽。此时，若土壤墒情不足则应轻浇返青水，结合返青水可浇灌粪水。3 ~ 4 天后中耕松土，将越冬覆盖的粪土翻入土中。苗高 15 厘米左右根据土壤墒情，可再灌 1 次水，以后即可收割第一刀韭菜（图 4–3）。收割后 2 ~ 3 天，伤口愈合，新叶长出后进行灌水，并随水追肥 1 ~ 2 次。追肥以速效氮肥或腐熟人粪尿为主。以后每次收割后都应灌水、追肥 1 ~ 2 次。早春气温低，蒸腾量小，灌水次数和灌水量应适当控制，并在每次灌水施肥后，都要中耕除草。这时的除草剂选择氟乐灵、除草通和地乐胺都安全，这 3 种药对幼嫩苗组织的伤害程度依次为：氟乐灵 < 除草通 < 地乐胺。但要注意的是，使用除草剂时，必须等收割后的伤口愈合，否则很容易出现药害。并随植株生长，逐步培土。

图 4–3　韭菜田间生长状

（2）夏秋季管理　薹韭不耐高温强光，炎夏多雨季节光合效率降低，呼吸消耗增加，生长缓慢，呈现歇伏现象。这时的薹韭叶品质下降，食用价值低，应停止收割，以养根壮棵为中心，减少肥水，注意防涝、防倒伏，并及时除草。这时如出现草荒，防治阔叶草每亩可选用 75% 阔叶净干悬乳剂 1 克，或 20% 使它隆乳油 50 ~ 60 毫升，兑水 30 ~ 40 升喷雾；防治一年生和多年生禾本科杂草，每亩可用35%稳杀得乳油50 ~ 100毫升，兑水40 ~ 60升喷雾。这时抽生的花薹也要及时摘除，为来年早春保护地生产打下良好基础。

进入秋季，天气凉爽，薹韭逐渐进入第二个生长旺盛期和采收期，一般每7 ~ 10天浇水1次，经常保持地面湿润，每浇1 ~ 2次水追1次肥，每次每亩施尿素7 ~ 10千克，同时视植株长势可收割1 ~ 3茬。在冬季植株凋萎前40 ~ 50天停止收割，使叶部营养转入根茎，为越冬和下年度春季萌芽积累营养。

（3）冬季管理　适时扣棚，扣棚时间应从12月下旬薹韭充分“回根”后进行。当薹韭地上部完全凋萎后，畦面冻土层达3厘米左右时，要及时清理畦面进行扣棚。一般采用中棚覆盖，为了提高棚内温度和提早上市时间，还可以在中棚内套小棚，或夜间加盖草帘等。

扣棚后进行如下管理：

① 温湿度管理：扣棚后，在薹韭生长期间，应采取各种措施，保持棚内温度白天在18 ~ 28 ℃。扣棚初期和每次收割之后，为加速薹韭萌发和新株生长，棚温应稍高，可以达到30 ℃。收割前应降低温度，使叶片生长茁壮，以免倒伏、腐烂。扣棚后至收获前两刀青韭期间，外界气温低，要晚揭早盖草帘，不通风或通小风。阴雪天可不揭草帘，若连续阴雪3 ~ 4天，棚内处于湿冷状态，易沤根，应在中午外界温度稍高时，揭开部分草帘和薄膜排除湿气。3月上旬后气温逐渐升高，应加大通风量，并逐渐撤除草帘和薄膜，改为露地生长。

② 培土：培土主要是防止多年生薹韭因跳根而引起新根外露，通过培土也可促进假茎生长，使韭白增长。第一刀和第二刀青韭一般培土3次，培土结束10天后即可收割。每次收割时将培起来的垄土放平，以便下茬青韭生长时再培土。

③ 肥水管理：在施足基肥的基础上，从扣棚到第一刀收割不需追肥。第一刀收割后，应适量追肥和浇水，追肥结合浇水进行，以速效化肥或腐熟稀粪肥均可。

（八）产品收获与贮藏保鲜

1. 产品的收获

薹韭以收获韭薹为主，兼顾青韭，所以保护地薹韭一般在采薹前只收割 2 刀青韭，第一刀从扣棚开始需 30 ~ 50 天，当株高达 20 ~ 25 厘米时收获。收割时应留茬 3 厘米，过低伤害根系，过高影响产量和品质。保护地薹韭在 2 月下旬至 3 月上旬即可抽薹，在抽薹盛期，每隔 2 ~ 3 天采收 1 次。当韭薹抽长到 34 ~ 36 厘米长，顶端花蕾直径在 0.7 厘米、长 1.8 厘米之内、花蕾未开、韭薹鲜嫩时及时采薹上市。每天采薹 1 次，到 9 月下旬结束。三年生薹韭，韭薹产量可达 27 ~ 30 吨 / 公顷。采薹期每 60 天施 1 次生物有机肥或有机无机复混肥 600 ~ 750 千克 / 公顷。采薹期干旱时应进行适当浇水灌溉，遇涝时要及时排水，防止渍害。

采薹后（9 月下旬以后）及时清除残叶、病叶，松土、施肥养根。施肥以有机肥和生物有机肥为主。多年生薹韭在冬季应扒根，以冻死部分地下害虫。实施棚室栽培，按棚室栽培要求进行管理；露地栽培，每年春割一刀青韭后，进行常规韭薹生产管理。

2. 产品的贮藏保鲜

青韭叶片鲜嫩，含水量高，采收后在常温下贮藏 2 天，品质会大大下降，甚至腐烂。据相关报道，青韭采后 0 ℃下预冷 1 天，后加冰 0 ℃下可贮藏 7 天，失水率为 0，腐烂率为 3.8%；而采后 15 ℃条件下放置 1 天的青韭，只能在 0 ℃下贮藏，且 7 天的腐烂率超过 13%。

五、韭葱

韭葱又称洋大蒜、葱蒜、扁蒜、扁叶葱、洋蒜苗等。其嫩叶、假茎、地下鳞茎和花薹均可食用。韭葱原产于地中海沿岸的欧洲中南部。在古希腊、古罗马时期已有栽培，中世纪时普遍种植，并育出假茎长的品种。20 世纪 30 年代传入中国，广西地区栽培较久，其他如北京、上海、河北、安徽、湖北、陕西、四川等地也有零星种植。韭葱因其叶片扁平似蒜或韭，而假茎洁白如葱，故名韭葱。韭葱嫩苗、鳞茎、假茎和花薹，可炒食、做汤或做调料，多代替蒜苗食用。韭葱抗热、耐寒、生长势强，能经受 38 ℃左右高温和 –10 ℃低温。

韭葱营养丰富，每 100 克鲜食部分含有蛋白质 1.5 克，脂肪 0.3 克，糖类 5.4 克，钙 50 毫克，磷 35 毫克，维生素 A 95 国际单位，维生素 C 12 毫克。韭葱具有促进食欲、解腻消化、兴奋神经等功能。假茎和叶生食、炒食或煮烧皆宜，风味犹如大葱。

韭葱因其适应性强，栽培容易，产品供应期长，也有葱蒜类蔬菜的辛辣味，可作为调剂蔬菜淡季的补充品种，也可通过脱水加工用于出口外销，有一定的栽培价值。

（一）形态特征

韭葱为百合科葱属二年生植物，可在地中多年生长发育，但在生产上作二年生栽培。其叶片似韭菜，假茎似大葱，花薹似蒜薹，鳞茎像洋葱。用种子繁殖，故又称为“种子大蒜”。

1. 根

韭葱根为弦线状根，较粗壮，须根发达。

2. 茎

植株高 75 ～ 115 厘米，茎短缩成鳞茎盘。鳞茎单生，基部稍肥大，鳞茎外皮白色，膜质，一二年生的植株鳞茎膨大不明显，二三年生的健壮植株，鳞茎肥大成近圆球形，旁边偶尔有小鳞茎着生。

3. 叶

叶片宽条状或条状披针形，横断面呈“V”形，背面突如龙骨，长 40 ～ 45 厘米，绿色，有蜡粉，单叶互生。成株有叶 6 ～ 11 片，老叶质地粗硬，不堪食用。叶鞘抱合成假茎似葱白，品质柔嫩，质密，圆筒形；长 10 ～ 30 厘米，粗 2 ～ 3 厘米，富有甘味，胜似大葱。假茎地下部分白色，上下粗细均匀。韭葱一生最多可发生 40 片叶，比葱和蒜多 1 倍左右。营养生长期充分生长的单株鲜重 400 ～ 500 克，假茎重 150 ～ 200 克。

图 5-1　韭葱花朵

4. 花与种子

韭葱的花薹形似蒜薹，但较粗大、实心，肉质绵软，高 130 ～ 140 厘米，粗 1.0 ～ 1.5 厘米。顶生三角形薄膜状的花苞，花苞先端有 9 ～ 20 厘米长的喙。花苞破裂后，为球状的伞形花序，花序上散生白色或淡红色的小花。小花有 800 ～ 3 000 朵，花丛生成球，小花梗近于等长，花柱和花丝伸出花被（图 5-1）。种子有棱，黑色，似洋葱种子，千粒重 2.8 克。生产上一般用种子繁殖，但种子生活力弱，不耐贮藏，须用当年种子。

（二）生育周期及对环境条件的要求

韭葱的生育周期与葱一样，整个生育周期分为发芽期、幼苗期、发棵期、假茎充实期、抽薹期、开花期和种子成熟期。秋播育苗的，有幼苗越冬期。春播夏栽的，在幼苗期和发棵期之间有缓苗越夏期。韭葱属绿体春化型作物，在幼苗长出 5 ~ 6 片真叶后，才能感受低温并通过春化阶段。其抽薹开花期比普通葱晚 30 ~ 40 天，需要长日照促进抽薹开花。

韭葱的适应性很强，与葱要求的环境条件相似。抗寒又耐热，能忍受 38 ℃左右的高温和 –10 ℃的低温。生长适宜温度昼温为 18 ~ 22 ℃，夜温为 12 ~ 13 ℃。适宜凉爽湿润的气候，高温干燥环境易使叶片老化，不宜食用。

对土壤的适应性也广，沙土、黏土均可栽培，但以富含有机质、肥沃保湿的黏质壤土最适宜。以 pH 值 7.0 ~ 7.5 的微碱性土壤为宜。韭葱要求全面、均衡的养分供应，其吸收氮、磷、钾的比例为 1.00 ∶ 0.12 ∶ 0.39，在因土施足氮肥的基础上，钾肥对增产、增效十分显著。

（三）品种

我国韭葱栽培较少，品种也少，多数从国外引进，以从法国和美国引进的品种为好。国内较出名的是河北邯郸韭葱。

（1）邯郸韭葱　耐热、抗寒、适应性强，不易发生病虫害，对土壤要求不严，可以周年栽培。其叶片较宽、扁平。假茎无空心，绿色。鳞茎叶肥大，花薹粗长（图 5–2）。假茎培土软化后，洁白柔嫩，味甜。

图 5–2　邯郸韭葱

整株均可食用，炒食后风味独特。

（2）优胜 原产英国，晚熟品种。叶绿色，稍狭长，叶鞘长大纯白，长 20 ~ 25 厘米，直径 4 ~ 5 厘米。外观美，品质好，肉质软，产量高。

（3）美国花旗洋蒜苗 从美国引进，一年四季可种植。种后可割而复生，连续收获 7 ~ 8 年。南北适宜，抗寒、耐热。假茎洁白如葱，叶身扁平似蒜，以产青苗和花薹为主，收获方式和韭菜一样。

图 5-3　玉韭葱 1 号

（4）玉韭葱 1 号 是从长白山西大蒜的变异群体中，经 4 代自交提纯选育而成的韭葱新品种。株型紧凑，叶片直立、对褶成“V”形，生长期内功能叶有 6 ~ 8 片；株高 60 ~ 80 厘米，假茎段长 20 ~ 30 厘米，茎粗 1.5 ~ 2.0 厘米，茎白段≤ 5 厘米，单株重 65 ~ 90 克（图 5-3）。田间对灰霉病、疫病、锈病和紫斑病的抗性强于对照绿翠和长白山西大蒜。平均每亩产量 5 000 千克左右。适于云南滇中及其相近气候条件地区周年露地栽培。

其他品种还有广西韭葱、美国鸢尾韭葱、伦敦宽叶韭葱、长白山西大蒜、黑寡妇韭葱、意大利 968、甘肃花旗韭葱和绿翠等。

（四）栽培

1. 栽培季节

韭葱可全年栽培，以春、秋两季生长最快。按播种季节和栽培方式可分为以下几种类型：

（1）春播 我国华中、华南、华东地区春播韭葱在3—4月份育苗，夏季定植，初冬收获假茎。

（2）夏播 我国华北、华中地区夏播韭葱在7月份育苗，秋季定植，第二年春季收获假茎。如以采收花薹为目的，则延迟到5月份采收花薹。

（3）秋播 我国西南地区秋播韭葱9—10月份播种育苗，翌年夏季采食幼苗或定植，初冬收获上市。这茬韭葱的生长期长，植株充分长大，主要食用软化的肥大假茎。

（4）日光温室栽培 韭葱一般在5月中下旬播种育苗，8月上旬定植，春节前后上市。

2. 播种育苗

选择排灌方便的地块，做成宽1.5米、长6～10米的育苗畦，每畦施入腐熟有机肥50千克，深翻细耙，播前浇足底水。韭葱可撒播或条播，条播行距20～25厘米，每亩用种0.6～1.0千克；撒播每亩用种2.5千克，播深1～2厘米。耙平畦面，覆盖地膜，待出苗后揭去地膜。育苗面积与定植面积之比为1∶10。

播种后始终保持土壤湿润，7～8天幼苗出土，苗高5～6厘米时间苗1～2次。苗期视苗情可追肥1～2次。定植前15天适当控制水分，促进根系发育。春播韭葱苗龄在70天左右，夏播和秋播苗龄在80～90天。

（五）定植

春播韭葱适宜的定植期为5月中旬至7月上旬，日光温室越冬栽培的韭葱适宜定植期为8月上旬，夏播韭葱适宜的定植期为10

月中旬。定植前 15 天每亩施腐熟有机肥 5 000 ～ 7 000 千克，深翻细耙。若以采收软化假茎为目的的，则应开沟培土栽培，沟宽（即行距）50 厘米，株距 4 ～ 5 厘米，每亩密度 2.5 万 ～ 3.0 万株，栽植方法同大葱。若以采收嫩苗为目的的，则可做成南北向平畦，畦宽 1 米，畦长 6 ～ 10 米。定植前 2 天将苗畦浇透水，以便起苗，起苗时连根拔起，淘汰病弱苗。行距 18 ～ 20 厘米，株距 5 ～ 6 厘米，每亩 6.5 万 ～ 7.0 万株。定植时深度以埋住小苗白根为宜。定植后浇水。

（六）田间管理

1. 肥水管理

定植后浇 1 次缓苗水，缓苗后加强中耕除草，促进发根、缓苗。春播韭葱在缓苗越夏期注意防虫、防涝。定植 1 个月后要追 1 次速效氮肥，每亩 10 千克，促进发棵。8 月中旬天气开始凉爽，韭葱进入旺盛生长期。此期应及时浇水，保持土壤湿润。韭葱对氮肥需要最多，8 月初至 9 月下旬应进行 3 次追肥，每次每亩施尿素或复合肥 15 千克。结合追肥应进行 3 次培土，培土深度以不超过叶鞘部为限。最后一次培土后 30 天左右即可收获。

夏播韭葱入冬前应浇足冻水，入冬后注意覆盖稻草等保暖越冬。翌年 3—4 月份韭葱开始返青生长时，浇返青水，并陆续采收上市。

保护地栽培韭葱，在缓苗后进入 8 月下旬韭葱旺盛生长期，应加强肥水管理，以便为假茎肥大奠定物质基础。一般每隔 15 ～ 20 天每亩施尿素 10 ～ 15 千克，共计 2 ～ 3 次。在 10 月上中旬，进行培土软化。培土前每亩施磷酸二铵 10 ～ 15 千克，培土高度以与叶身、叶鞘分杈处相齐为宜。培土可提高假茎长度，改善品质。

霜冻前，覆盖塑料薄膜。覆膜后外界温度尚高，应注意通风降温。随着外界气温的降低，逐渐减少放风口，当棚内夜间气温降至5 ℃时加盖草帘。开始时草帘要早揭晚盖，以后逐步进入正常揭盖。这个时期温度应保持白天 18 ~ 22 ℃，夜间 12 ~ 13 ℃，超过 25 ℃放风。寒冬季节夜间保持 5 ~ 10 ℃。

从覆盖薄膜到采收前可追肥 2 次，每次每亩施尿素 10 ~ 15 千克，间隔 25 ~ 30 天。追肥后及时浇水，并加大放风量。进入 12 月至翌年 1 月一般不再浇水。

2. 中耕培土

培土是提高韭葱品质的一个重要措施。假茎的生长主要依靠分生组织所分生的叶鞘细胞的延长生长，而叶鞘细胞的延长生长需要黑暗、湿润的环境条件，并以营养物质的输入和贮存为基础，所以在加强肥水管理的同时，还要求分期培土。缓苗后，结合中耕进行少量覆土，以后结合追肥和中耕除草分 3 次培土，每次培土厚度均以覆盖至最上叶片的出叶口为宜，切不可埋没心叶，以免影响韭葱生长。

（七）产品收获与贮藏

1. 收获

以采收嫩苗为主的，可以根据市场需求和苗情做到分期采收，分批上市，均衡供应市场。春播韭葱，在上海地区，也有在 11 月先进行割叶采收（只收叶片，不收葱白），每亩产量约 1 500 千克，12 月施腊肥 1 次，2 月再施春肥 1 次，3 月下旬至 4 月上旬再次收获，每亩产量 2 500 千克左右。在华北、华中等地区冬季靠贮藏陆续上市，其采收期对贮藏质量有直接影响。采收过早，叶片失水发黄容易腐烂；采收过晚，易受冻害，影响商品价值。一般在立冬至小雪采收，在霜冻前收完。以采收花薹为主的，一般采取夏播或秋播栽培，春季萌发生长以后，由于已经通过春化过程，5 月份遇到高温长日照，很快抽薹。当花薹生长到一定程度，品质产量达到最佳时，贴地面割下，剥掉叶片和叶鞘，即可捆把上市。

2. 贮藏

霜冻前采收的韭葱，贮藏方法可参考大葱贮藏。下面介绍一种简单的贮藏方法：采收后的韭葱，堆成小堆，在田间放置 2 天后，用稻草捆成把，每把约 2.5 千克，准备贮藏。采收前在南墙北侧挖个贮藏畦，深 33 厘米，宽 1.7 米，长根据贮藏量决定。没有北墙也可用风障代替。挖好贮藏畦后，向底部浇水，水渗下后将捆好的韭葱根朝下，一把挨一把地堆放，把与把之间不宜太紧，以免叶片受热发黄。四周培湿土保湿。夜间或寒流降温时，覆盖草帘防冻。随着气温下降，揭开草帘，盖上湿土，气温继续下降时加厚土层，保持 –2 ~ –1 ℃，到元旦、春节期间可取出上市。

六、细香葱

细香葱（图 6-1）也称四季葱、香葱，以嫩叶和假茎作为食用部分。产品柔嫩，具浓烈的特殊香味，多用作调味。原产于欧洲冷凉地区，在北美、北欧、亚洲均有野生种分布。很早即被驯化，现广泛分布于热带、亚热带地区。我国南方栽培较为普遍。近年来江苏兴化地区有集中栽培供加工脱水葱片出口。

图 6-1　细香葱

细香葱在欧美食用也很普遍，可鲜食、速冻作为西餐的调味品，用于汤类、调味汁、沙拉，或作为装饰。细香葱营养丰富，每 100 克鲜食部分含蛋白质 1.6 克，脂肪 0.4 克，碳水化合物 3.5 克，纤维素 1.4 克，灰分 0.4 克，胡萝卜素 0.84 毫克，硫胺素 0.05 毫克，核黄素 0.06 毫克，烟酸 0.4 毫克，钠 10.4 毫克，钙 72 毫克，镁 18 毫克，铁 1.3 毫克，锰 0.16 毫克，锌 0.35 毫克，铜 0.06 毫克，磷 26 毫克，硒 1.6 微克。细香葱的各种维生素及大多数无机盐、微量元素含量均高于大葱，尤其胡萝卜素是大葱的 14 倍。细香葱鳞茎含有较多挥发油，其主要成分为蒜素、二烯丙基硫醚等。葱所含的糖分包括葡萄糖、果糖、蔗糖、麦芽糖及多种低聚糖，同时也含有少量淀粉。葱的脂肪油中含有棕榈油、硬脂酸、花生酸、油酸、亚油酸等成分。

（一）形态特征

1. 根

细香葱根为弦状须根，再生能力强，须根长 20 厘米左右，分布在土壤表面，发根力强，须根生于茎盘下面。在茎节部也能分蘖，并生长出不定根。

2. 茎

细香葱茎为短缩茎，茎的每节长 1 片叶，葱叶基部稍肥大，包裹短缩茎，形成细纺锤形或近圆形的小鳞茎。鳞茎外皮有白色、紫红色，因品种而异。

3. 叶

细香葱叶由叶片和叶鞘组成，叶片圆形中空，先端尖细，青绿色，叶面上有蜡粉，长 30 ～ 40 厘米。叶鞘白色，抱合成圆柱状的葱白，成为假茎。葱白长 10 厘米左右，直径 1 厘米左右。细香葱叶香味极浓烈，宜作调料。细香葱具极强的分蘖能力，一般每株可产生分蘖 5 ～ 8 个，分蘖力强弱也因品种而异。

4. 花与种子

细香葱开花、结籽等特性因品种不同而异。有的不开花，有的开花不结籽，有的既开花又结籽。前两种靠分蘖来进行分株繁殖，后一种一般采用种子播种。开花的品种在第二年春夏季抽薹。花茎细长，聚伞花序，花序上有数百朵白色或紫色的小花。花凋谢后结实，结实后植株枯黄，种子成熟。种子为黑色，与大葱种子相似。

（二）生育周期及对环境条件的要求

细香葱的生育周期可分为幼苗期、茎叶生长期、抽薹开花期和种子成熟期 4 个阶段。但如果是由种子播种的，则应增加种子发芽期；同时，不结种子的细香葱品种要除去种子成熟期。

细香葱耐寒、耐肥，适应性强，对气候条件要求不严，周年都能生长。其植株生长的最适温度为15 ~ 25 ℃。细香葱较耐干旱，因植株较小，故对水的需求量比大葱、分葱少，但对空气和土壤的湿度要求比大葱、分葱高。与大葱、分葱（图 6–2）一样，细香葱也要求土质疏松的中性土壤和较低的光照。强光易导致组织老化，纤维增多，从而降低品质。

图 6–2　分葱

（三）品种

（1）香葱　植株直立，单株分蘖数为 11，密生呈丛状。株高 45 ~ 50 厘米，开展度约 28 厘米。葱白长 4 ~ 6 厘米，直径约 1.2 厘米，单株重 4 ~ 5 克。叶片深绿色，管状中空，先端尖，叶面覆盖蜡粉。叶鞘微黄色，扁圆形，管状。鳞茎外皮白色透明（图 6–3）。分蘖力强，耐寒，不耐热，适应性广。生长快，开花不结实（图 6–4），生长期 50 ~ 60 天。辛香味浓。亩产 1 600 ~ 2 000 千克。适宜春、秋季栽培。

图 6–3　太仓小香葱

图 6-4　小香葱开花

图 6-5　贵州小米葱

（2）米葱　也称小米葱、小葱。植株直立，株高 35 ~ 40 厘米。葱白淡绿色，长约 30 厘米，直径 0.9 ~ 1.0 厘米。叶深绿色，叶表面有蜡粉。鳞茎细小，白色，纺锤形（图 6–5）。耐热，耐寒，耐肥喜湿，品质细嫩，香味浓。分蘖力强，平均每个鳞茎分蘖 5 ~ 7 个。质地细嫩，香味浓郁。生长期约 80 天，亩产 2 500 ~ 4 000 千克。

（3）四季葱　植株直立，丛生，株高 35 ~ 40 厘米，开展度约 18 厘米。假茎白色，圆柱形，长约 8 厘米，直径约 0.6 厘米。单株重 3 ~ 4 克。叶绿色，蜡粉较少。分蘖力强，生长快。耐寒，不耐热，适应性广，除盛夏外，其余时间均可种植。开花不结实，香味浓。亩产 1 000 ~ 1 600 千克。

（4）蒜瓣葱　也称果儿葱。株高约 46 厘米，开展度约 20 厘米。假茎绿白色，长 5 ~ 6 厘米，直径约 0.8 厘米。初夏形成小鳞茎，全株小鳞茎聚合成百合状；小鳞茎如蒜瓣，长约 3.5 厘米，直径约 1.5 厘米，外皮紫褐色，鳞片白色。葱叶深绿色，扁圆形中空，有蜡粉。分株繁殖，分蘖能力强，不开花。生长期为 40 天左右。香味浓，品质中等。鳞茎宜调味或盐渍食用。

（四）栽培

1. 栽培方式

（1）分株栽培 不开花以及开花不结籽的品种一般都用分株栽培。一年中除了炎热的夏季外，其余季节都可进行分株栽培。通常用穴栽的方法，每穴栽 4 ~ 8 株，行距约 20 厘米，穴距约 10 厘米。

（2）直播栽培 用种子进行繁殖，除 6—8 月夏季高温和 11 月至翌年 1 月冬季低温时一般不播种外，其他季节均可播种。但如果在保护设施内，也可以反季节播种生产。这种栽培方法又叫“原地葱”。

（3）育苗移栽 先用种子播种育苗，育成葱苗后像分株栽培一样进行定植。这种栽培方法又叫“小排葱”。

（4）套作间种 秋季常与越冬莴苣等蔬菜间作，春季则多与丝瓜、苦瓜等棚架作物套种。利用瓜棚进行遮阴保湿，从而使香葱延续至盛夏再采收。

2. 播种与育苗

用种子繁殖的细香葱，都要进行播种育苗。细香葱一般采用直播栽培方式，适宜播种期为 2—5 月和 9—10 月，播种后 60 ~ 80 天即可上市。育苗移栽的适宜苗龄为 30 ~ 40 天。如果在 6—8 月播种，则应采用遮阳网覆盖；如果在 11 月至翌年 1 月间播种，则宜采用地膜或无纺布覆盖。细香葱播种后要保持土壤湿润，防止种子在发芽过程中干枯而影响出苗。

（五）定植

1. 大田准备

细香葱对土壤的要求与大葱对土壤的要求基本一致。育苗地和定植移栽地都要精细整地和施足有机肥。基肥必须使用充分腐熟的有机肥，每亩用量为 2 000 ～ 3 000 千克。肥料不要施得过深，一般应施在深 10 ～ 20 厘米的土层中。基肥施入后要细耙，并与土壤充分混匀，然后做畦。南方地区宜做高畦，以利于排水；北方地区可做平畦，畦宽 1.2 ～ 1.5 米，畦长 8 ～ 10 米。

2. 定植方法

无论是分株繁殖还是育苗移栽，细香葱的定植方法基本一致。定植前，要对幼苗进行筛选分级，剔除病株、伤残株、弱株和散瓣葱，选取一级、二级幼苗进行定植。定植时间为 8 月至翌年 5 月。在不同的定植时间细香葱的栽培密度有所不同。一般情况下，定植行距为 15 ～ 25 厘米，穴距 8 ～ 12 厘米，每穴 4 ～ 8 株。冬季栽植时可覆盖地膜以提高地温，以提早收获。一般栽植后 1 个月左右即可采收上市。

（六）定植后田间管理

细香葱定植后的田间管理以肥水管理为重点。细香葱生长需要土壤湿润，播种出苗前后和栽植成活以前，宜小水勤浇，保持土壤不干。定植成活后，细香葱较耐干旱，在正常的生长季节，一般 15 天左右浇 1 次水。追肥时间、追肥量和追肥次数要根据细香葱的长势和土壤营养分析结果而定。第一次追肥最好施用充分腐熟的稀粪尿，浓度为 10% ～ 20%。施用时注意不能洒在植株上，然后浇水。以后如果还需追肥，可每亩施尿素 10 ～ 15 千克，并浇水。

七、藠头

藠头又名薤、小蒜、荞头等，百合科葱属多年生草本植物。鳞茎球形，白色或紫色，是主要的食用部分；富含蛋白质、可溶性糖、氨基酸以及矿物质和维生素等营养物质。据《汉书·龚逐传》记载，藠头原产地为中国。《本草纲目》记载，藠头具有辛、温、滑的特性，无毒，主治金疮败毒，有轻身、不饥、耐劳之功效。现代科学研究表明，藠头有清除亚硝酸盐、改善脂质代谢等功效，对抗血小板凝聚、抗菌等有一定帮助，是现代绿色保健食品之一，被誉为“菜中灵芝”。鳞茎既可鲜食，也可腌制、加工成罐头产品。藠头产地主要分布在湖南、湖北、江西、重庆等南方地区，北方人较少食用，鲜有地区种植。

（一）形态特征

1. 根

藠头根为弦状须根，有 6 ~ 17 条。

2. 茎

茎为盘状短缩茎。叶鞘相互抱合成假茎，基部形成粗形鳞茎。鳞茎膨大为短纺锤形，长 3 ~ 4 厘米，横径 2 厘米，着生于短茎上，白色，上部稍显紫色，由叶片及叶鞘部分构成。鳞茎分蘖力依品种不同而有差异，有的可分蘖 10 ~ 20 个，有的只能分蘖 5 ~ 6 个。

3. 叶

叶丛生，叶呈 3 ~ 5 角形，中空状，横切面三角形，叶暗绿色稍带蜡粉，细长柔软易倒伏，可食用。植株在成长过程中发生分蘖，每分蘖有 3 ~ 8 片叶，叶鞘基部膨大成地下小鳞茎。一个鳞茎种植后，可分蘖产生 10 ~ 20 个小鳞茎。小鳞茎呈纺锤形，直径 1 ~ 2 厘米，色白或淡紫，鳞茎主要供腌渍。

4. 花

花薹圆柱形、实心，伞形花序，有花 10 ~ 26 朵，花紫色或白色，栽培品种多为四倍体，不结种子。

（二）生育周期及对环境条件的要求

生育周期可分为 4 个阶段：第一阶段，谢花发叶后到冬至（12 月 22 日左右）为第一次生长期，这期间内有 2 ~ 3 次分蘖，每次可达 5 ~ 8 株；第二阶段，冬至后，翌年春分（3 月 21 日左右）以前，由于气温较低，生长处于停滞状态；第三阶段，春分后，谷雨（4 月 20 日左右）前进入二次生长期，继续分蘖，一般为 2 ~ 3 次，这时每穴可达到 10 ~ 16 株；第四阶段，谷雨后到夏至（6 月 22 日左右）前后，温度升高，叶片生长受抑制，叶鞘增厚，老化加快，同化产物大量转入鳞茎，为鳞茎发育膨大期。

藠头喜在清凉湿润气候下生长，生长适温为 15 ~ 20 ℃，在春夏季长日照条件下形成鳞茎。气温超过 25 ℃即行休眠。植株生长较耐弱光，可作为果桑园间作蔬菜，但忌连作。应选土层疏松、地力肥沃、排水良好的土壤栽培为宜。

（三）品种

目前国内常用的品种有以下几种：

（1）大叶藠 又名南藠，在武汉市江夏区和鄂州栽培较多。叶片较大，分蘖力较差，一般每个鳞茎分蘖 5 ~ 6 个。藠头圆大，柄短，皮薄肉厚，富含黏液，质地脆嫩，品质优，适于鲜食和加工。

（2）长柄薤　又名白鸡腿。分蘖力较强，每一个鳞茎分蘖10～15个，薤柄长，白而柔嫩，形似鸡腿，叶直立，味鲜美，产量高，多供鲜食，也可加工。

（3）细叶薤　又名紫皮薤、黑皮薤。叶细小，分蘖力较强，一般每个薤头可分蘖15～20个，薤柄短，唯薤头颈部带紫色，嫩叶和薤头均可食用。

（4）开远甜薤头　在云南开远市种植较多。白净透明，皮软肉糯，脆嫩无渣，大小均匀，色泽金黄，香气浓郁，被誉称“珍珠薤头”。

（5）生米薤头　加工用薤头品种，江西省南昌市新建区生米镇栽培面积较大。鳞茎膨大呈纺锤形，对土壤要求不严，耕作层不厚的红壤土也可种植。

薤头著名的地方品种还有云南开远甜薤头、湖北梁子湖畔薤头、江西新建薤头、贵阳白皮薤头、贵阳红皮薤头、咸宁三百薤头等。

（四）栽培

1. 栽培季节

薤头多为露地栽培。一般在9月前后种植，以幼苗越冬。叶和鳞茎兼食的品种，至翌年2—4月可陆续采收供食；以采收鳞茎为目的的，在翌年6月份叶片开始枯黄时采收。留种株可一直长到9月播种前采收，也可以当地上部分枯萎后采收，整株扎成束，挂在阴凉通风处，到9月份种植。

2. 整地播种

选择未种过葱蒜类蔬菜的田块，耕翻施肥，做宽 1.5 ~ 2.0 米的高畦。播种前选大小适中、形状符合该品种特征的鳞茎，剪去地上部残叶，切断须根（仅留 2 厘米长），然后在整好的高畦上，按行距 20 ~ 25 厘米开与畦面垂直的浅沟，将藠头种鳞茎按 15 厘米左右的株距排入沟中的一侧，每穴排 2 ~ 3 个种鳞茎。然后再开第二条浅沟，进行播种，此时将第二条沟的土覆盖在第一条播种沟上。盖以薄土，以稍露鳞茎顶端为宜。播后用稻草覆盖畦面保墒，7 ~ 10 天出苗。

（五）田间管理

1. 追肥

出苗后、越冬前和春季是茎叶生长盛期，各追肥 1 次。前期可用人畜粪尿 1 000 千克或尿素 15 千克，中后期施复合肥，每亩 30 千克，促进叶和鳞茎的生长。生长期间及时中耕除草，在鳞茎膨大期还要结合中耕适当培土。采收叶和小鳞茎兼用品种者，可在 1 ~ 4 月陆续采收，采收鳞茎供腌渍者可在 5 月下旬以后收获，每亩产量 1 000 千克左右。

2. 中耕除草

生长期应中耕除草 2 ~ 3 次，播后苗前可选择乙草胺、都尔等进行化学除草，后期以人工除草为好。中耕培土可防止藠头因雨水冲刷露白而变绿产生青头。

3. 培土

培土是藠头优质高产高效的关键技术措施，在藠头生长中后期，地下鳞茎膨大迅速，暴露于空气中的部分在阳光的照射下容易变绿、口感差，有低毒，直接影响产品的商品性和经济效益。培土一般在小满前后进行，连续 2 ~ 3 次，把根茎部裸露的鳞茎全部覆盖。

（六）产品收获、贮藏与加工

在长江中下游地区，藠头的食用部分包括鳞茎和叶片，采收鳞茎一般秋栽夏收，采收叶片则秋栽春收。叶片是春季淡市期间的重要蔬菜，一般在 3 月底至 4 月底，随未完全长成的鳞茎一起采收上市。正常情况下，藠头经过 300 天左右的生长发育，当叶色由绿转枯黄时，采收鳞茎上市。采收标准：当地上部 1/3 枯黄，地下藠头横径 1.5 ~ 2.5 厘米时采收，时间一般为 6 月上旬。采收时注意不要挖伤鳞茎，挖出后，拍去泥土，去除枯叶，修剪适量残根，留柄 2 ~ 3 厘米，贮放于阴暗通风处即可。

如要留种，则可在 9 月中旬起挖，采挖后轻轻抖掉泥土，不必清洗，选择大小适中、无病虫、无伤口、无烂根的鳞茎，去掉枯叶，剪去须根，留柄 3 厘米左右。留种用的藠头在阳光下暴晒 2 ~ 3 天，使其含水量降低至表皮松软，然后堆放于通风透气、干燥凉爽的房间，每半个月翻动一次，以防止种子因呼吸发热霉变而失去发芽能力。

藠头的保鲜与贮藏可以参考大蒜头的保鲜与贮藏。藠头的加工产品种类很多，主要有盐渍类、糖醋类和发酵类产品，下面介绍几种产品的家庭简易加工过程。

1. 家常少量腌制法

先将藠头摊晒 1 天，晒后趁还有余热时进行腌制。5 千克藠头加 0.25 千克盐，25 千克水，以浸没为止，压上石头。盐少一些虽然成熟快，但容易酸。腌 1 个月后捞出，将两端剪净并冲洗干净，装入坛中。5 千克藠头加白糖 0.2 千克，醋 2 千克，从坛口浇下去，压实过夜即可食用。

2. 咸酸藠头

咸酸藠头是一种著名的传统腌菜，由于它气味酸香，能帮助消化，促进食欲，为四时之佐膳佳品，且价钱便宜，故深受群众欢迎。咸酸藠头制作方法如下：

（1）选料　选择颜色洁白，独头而肥壮的作为原料。首先用清水淘洗 3 ~ 4 次，洗去泥沙和藠头外部的黏液，然后沥干水分备用。

（2）落池腌制　用盐量为原料重的 8% ~ 10%。先在池底撒上一层盐，每 10 厘米鲜藠作为一层，逐层放藠落盐。注意原料与盐混合均匀。鲜藠落池完毕，撒上盖面盐。以后要注意盐水浸过藠头，第二天就开始发生乳酸发酵现象。经过 5 ~ 7 天以后，把藠头全部捞起剪去根须及尖端以上的茎叶，沥干水分，准备转入下一道工序。

（3）转缸醋渍　先在缸中放醋 40 千克，醋酸含量 3%，然后倒入藠头，盖上竹篾盖再用竹片压紧，随后再加醋，浸过藠头面 8 ~ 10 厘米，用醋量为藠头的 40% 左右。盖上缸盖，约 10 天之后，藠头的自然发酵情况基本稳定，再加满白醋，然后用相当于原料 1% 的盐把缸口封住。经 1 个月左右，打开缸盖，即成咸酸藠头。

（4）包装　在市面上出售需用小包装，200 克或 500 克玻璃或四旋瓶包装，方便消费者食用。

3. 甜酸藠头

（1）选料　制作甜酸藠头的原料是藠头的鳞茎部分。选择颜色洁白，独头而肥壮的作为原料。用清水淘洗几次，洗去泥沙和外部的黏液，然后放在竹箩内，把水分沥干。要注意藠头放置时间不要过长，否则会发热，影响质量。

（2）**落池腌制** 分 2 次加盐。第一次用盐量为原料重的 8%，在初期让其产生旺盛乳酸发酵。池内盐水浓度逐步降低后，要补加第二次食盐，使总食盐量达到 15%，盐水浓度达 10% 左右。这时要加压，密封腌制，时间为 10 天左右。

（3）**漂水脱盐** 把咸酸藠头从池中捞出，用清水浸泡去除大部分盐，浸泡时间为 2 ~ 3 小时。留下食盐量可达 4% ~ 5%，用口咀嚼仍能感觉微带咸味。

（4）**加压沥水** 把浸泡的藠头从池中捞起，尽量排除多余水分，沥水时间 3 ~ 4 小时即可。

（5）**重新过醋** 把沥水后藠胚倒入缸内。用 3% ~ 5% 的食用醋浸泡 1 ~ 2 天，并每隔 2 小时翻拌 1 次，然后把藠头捞起沥去醋汁。

（6）**整理** 把藠头的腐皮撕去，过长的尾部剪去，并挑出损伤的藠头。

（7）**糖渍** 经过整理的藠头可落缸糖渍。每 100 千克藠头用白砂糖 60 千克。分 2 次放糖，第一次放一半，放糖时要分层施放，使其受糖均匀。2 天后，把剩下的一半糖倒在藠头上面，7 ~ 10 天后把已溶化的糖水全部倒出，加热煮沸，把糖水浓缩，然后重新倒入缸内浸泡 10 ~ 15 天后即成甜酸藠头。余下糖水可重复使用。

（8）**包装** 市面上多用 250 克或 500 克玻璃瓶小包装。

八、葱蒜类蔬菜病虫害防治

葱蒜类病虫害防治应在“以预防为主，综合防治”方针指导下进行，优先采用农业和生物防治措施，科学使用化学农药，协调各项防治技术，发挥综合效益，把病虫害控制在经济允许水平内，并确保产品中农药残留量低于国家标准。特别是在用化学药剂防治时，选用的化学药剂种类、使用方法和安全间隔期必须符合《农药合理使用准则》（GB 8321—2000）和国家《农药管理条例》的规定。明令禁止的剧毒、高毒、高残留农药，生产中一律不许使用。农业防治的基本共识为：一是选用抗病品种；二是与非葱蒜类作物实行2～3年的轮作；三是选择地势高燥、通风、排水良好的地块种植；四是施足基肥，尽量多施有机肥，增施磷肥、钾肥；五是合理灌溉，雨后及时排水，降低田间湿度；六是清洁田园，及时拔除大田病残株，并在收获后彻底清洁土地，减少菌源。

1. 病害防治

（1）霜霉病

【症状及危害】真菌病害。病菌主要以卵孢子随病残体遗留在土壤中越冬，或以菌丝体潜伏在鳞茎或其侧生苗中越冬。翌年春天卵孢子萌发，从叶片气孔侵入。带菌的鳞茎或种苗可直接感染。空气相对湿度90%以上、气温15℃左右为流行季节。湿度大时，病斑上产生孢子囊，借风、雨、昆虫等传播，进行再侵染。低温多雨、重雾天气、地势低洼、排水不良、过分密植、重茬的地块发病重。主要危害叶片、花梗，也可危害鳞茎（图8-1）。叶和花梗受害时，初生苍白绿色长椭圆形斑点，严重时波及上半叶，植株发黄或枯死，病叶呈倒“V”形。花梗染病症状同叶部，并且易从病部折断、枯死。潮湿时，病部长出白色至紫灰色霉层。鳞茎染病后变软，外部的鳞片表面变粗糙或萎缩，植株萎缩，叶片畸形，严重时全株死亡。

图 8-1　大蒜霜霉病

【防治方法】发病初期可用 75% 百菌清可湿性粉剂 500 倍液，或 70% 代森锰锌可湿性粉剂 500 倍液，或 25% 瑞毒霉 500 倍液，或 90% 乙磷铝可湿性粉剂 500 倍液。上述药剂任选一种，可交替使用。每隔 10 天左右喷药 1 次，连续喷 3 ~ 4 次。

（2）紫斑病

【症状及危害】真菌病害。南方地区多以分生孢子在葱类作物上辗转发生危害。北方寒冷地区以菌丝体在寄主体内随病残体在土壤中越冬，翌年春天产生分生孢子，借气流或雨水传播。种子也可带菌，并随带菌种子的调运和使用，进行远距离传播。分生孢子萌发后通过气孔或伤口侵入，也可直接穿透寄主表皮侵入。在 24 ~ 27 ℃下最适合发病，低于 12 ℃则不发病。温暖多湿、连阴雨天气、缺肥、干旱、植株生长衰弱、葱蓟马造成伤口时，发病严重。主要危害叶片及花梗。危害初期呈水渍状白色点状斑。病斑扩大速度快，迅速形成宽1～3厘米、长2～4厘米纺锤形的凹陷斑，最初为淡褐色，随后变为褐色至暗紫色，周围有黄色晕圈。病部会长出深褐色或黑灰色具同心轮状排列的霉状物，病部软化易折断。种株花梗发病率高，导致种子皱缩，不能充分成熟。

【防治方法】发病初期，可用75%百菌清可湿性粉剂600倍液，或64%杀毒矾可湿性粉剂500倍液，或50%扑海因可湿性粉剂1 000倍液，或70%代森锰锌可湿性粉剂500倍液进行喷雾处理。上述药剂任选一种，轮换使用，每隔7～10天喷1次，共喷2～3次。

（3）锈病

真菌病害。在南方，以夏孢子在葱蒜类等作物上辗转危害，或在活体上越冬；在北方，以冬孢子在病残体上越冬。翌年夏孢子随气流传播进行初侵染和再侵染。夏孢子萌发后从寄主表皮或气孔侵入，萌发适温为9～18℃，高于24℃，萌发率明显下降，潜伏期10天左右。侵入的适宜温度为10～22℃。春秋多雨、气温较低的年份、肥料不足、植株生长不良时发病严重。主要发病部位为叶、花梗及绿色茎部，花器上很少发生病害。发病初期表皮上产生椭圆形稍隆起的橙黄色疱斑，以后表皮破裂向外翻，散出橙黄色粉末，即病菌夏孢子堆及夏孢子。秋后病斑变为黑褐色，破裂时散出褐色粉末，即冬孢子堆和冬孢子。发病严重时，叶片布满病斑，病叶呈黄白色而枯死。春秋两季发病严重。

发病初期，用15%三唑酮可湿性粉剂2 000～2 500倍液，或80%代森锰锌可湿性粉剂500倍液，或97%敌锈钠可湿性粉剂2 000倍液进行喷雾处理。以上药剂任选一种，要交替使用，每隔10天左右喷1次，连续防治2～3次。

（4）灰霉病

【症状及危害】真菌病害。以菌丝、分生孢子或菌核随病株残体在田间越冬，分生孢子是初侵染和再侵染的来源。翌年春通过伤口或叶尖的表皮侵入寄主，随气流、雨水、灌溉水传播蔓延。病菌发育的最适宜温度为 23 ℃，较低的温度和较高的湿度是该病发生和流行的条件。管理粗放、植株生长衰弱，病情加重。不仅在田间危害叶鞘、花薹和小花梗，也是贮藏和运输中的主要病害。发病初期，在叶鞘、花梗及鳞茎顶部形成淡褐色的病斑，内部组织腐烂，潮湿时病部长满灰色粉状霉。在叶部先为白色椭圆形或近圆形斑，直径 1 ~ 3 毫米，随着病斑不断扩大，能连成片而使葱叶卷曲枯死，湿度大时可发生灰霉。在花薹和小花上的病斑，与叶片发病相同。此病以高湿条件下发生灰色霉层、后期病部产生黑褐色小菌核为特征，可与炭疽病和软腐病相区别。

【防治方法】发病初期，用 50% 扑海因可湿性粉剂 1 000 ~ 1 500 倍液，或 50% 速克灵可湿性粉剂 2 000 倍液，或 65% 万霉灵可湿性粉剂 1 000 倍液，或 50% 灰霉宁可湿性粉剂 500 倍液喷雾。上述药剂任选一种，轮换使用，每隔 10 天左右喷 1 次，连续喷 2 ~ 3 次。

（5）颈腐病

【症状及危害】真菌病害。病菌以菌丝体或菌核潜伏在鳞茎或病残体上越冬，由菌丝或菌核上产生分生孢子，随气流传播，病菌从叶片的伤口或枯死部位侵入、扩展，引起鳞茎或颈部发病。较低的温度和高湿度有利于该病害发生。生长后期连续阴雨，收获前灌水，收获及晾晒时遇雨，易发病。此外，土壤氮肥过多，植株贪青徒长发病重。主要危害叶鞘和鳞茎。先产生淡褐色大块病斑，后内部组织腐烂。湿度大时病斑上长满灰色霉状物，后期在鳞茎表皮下产生黑褐色片状、直径为 1 ～ 5 毫米的菌核。贮藏期间发生危害时，鳞茎颈部或肩部产生淡褐色的凹陷病斑并软化，鳞片间生有灰色霉层，最后形成许多黑色小菌核。有时与软腐病混发。

【防治方法】发病初期，用 50% 速克灵可湿性粉剂 1 500 倍液，或 75% 百菌清可湿性粉剂 600 倍液，或 50% 扑海因可湿性粉剂 1 500 倍液，或 65% 万霉灵可湿性粉剂 1 500 倍液，或 70% 甲基托布津可湿性粉剂 1 000 倍液喷雾处理。上述药剂任选一种，交替使用，每隔 10 天喷 1 次，连续喷 2 ～ 3 次。

（6）疫病

【症状及危害】真菌病害。病菌以菌丝体、卵孢子、厚垣孢子随病株残体在土壤中越冬，翌年春天产生孢子囊和游动孢子，借雨水、气流传播。孢子萌发后产生芽管，芽管可穿透寄主表皮直接侵入。以后，病部又产生孢子囊进行再侵染，扩大危害。病菌生长的最适宜温度为 25 ～ 30 ℃。夏季雨水多、气温高的年份易发病。种植过密、地势低洼、田间积水、植株徒长的地块发病重。主要危害叶、花梗。叶部受害时，初期为暗绿色的水渍状病斑，扩大后成为灰白色病斑，包围叶身致使叶片常从病部折断而枯萎。阴雨连绵或湿度大时，病部会长出稀疏的白色霉状物；天气干旱时，白霉消失。撕开表皮后，可见棉毛状白色菌丝体。发病严重时，病株腐烂，导致整个植株枯死。

【防治方法】发病初期，用 75% 百菌清可湿性粉剂 500 倍液，或 50% 多菌灵可湿性粉剂 500 倍液，或 25% 瑞毒霉可湿性粉剂 800 倍液，或 64% 杀毒矾可湿性粉剂 500 倍液，或 50% 速克灵可湿性粉剂 1 500 ～ 2 000 倍液，或 58% 甲霜灵锰锌可湿性粉剂 500 倍液，或 50% 扑海因可湿性粉剂 1 000 ～ 1 500 倍液进行喷雾处理。上述药剂任选一种，交替使用，每隔 7 ～ 10 天喷 1 次，连续喷 2 ～ 3 次。

（7）软腐病

【症状及危害】细菌病害。病原菌可在鳞茎中越冬，也可在土壤中腐生。病原菌通过肥料、雨水或灌溉水传播蔓延，经伤口侵入。葱蓟马、种蝇也可传播。病菌生长的最适宜温度为27 ~ 30 ℃。连作、低洼地、栽培管理粗放、植株生长不良、收获时遇雨等易发病。主要危害叶片和鳞茎，在田间和贮藏期均可发病。生长期感染时，第一、第二片外叶下部发生灰白色半透明病斑，叶鞘基部软化，外叶倒伏。病斑向下扩展，鳞茎颈部呈水渍状凹陷，不久鳞茎内部腐烂，汁液外溢，有恶臭。贮藏期多在颈部发病，鳞茎呈水渍状，流出白色液汁。

【防治方法】发病初期，可用72%农用链霉素可湿性粉剂4000倍液，或新植霉素4000 ~ 5000倍液，或77%可杀得可湿性粉剂500倍液，或401抗菌剂500 ~ 600倍液进行喷雾处理。每10天喷1次，连喷2次。以上各种药剂交替使用，在洋葱生育期每种药剂限用1次。

（8）炭疽病

【症状及危害】真菌病害。病菌随病残体在土壤中存活，也可附着在鳞茎上越冬。翌年春暖时产生分生孢子，借雨水或灌溉水传播。病菌发育适温为20 ℃，分生孢子萌发适温为20 ~ 26 ℃，分生孢子的形成与传播，需高湿度和水滴存在。在多雨年份，尤其在鳞茎生长期阴雨连绵或排水不良的低洼地发病较重。主要危害叶片和鳞茎。除田间发病外，在贮藏过程中仍然可以继续发病。叶片受害时，初生近梭形淡褐色至褐色斑，后轮生许多小黑点；病情发展后，病斑以上部分枯死。鳞茎感病时，先在外侧鳞片或颈部下方发生淡灰褐色斑纹，扩大后联结成大病斑，上面轮生黑色小粒点。侵害嫩鳞片时，首先出现黄色凹陷小斑，而后扩大成圆形病斑。病斑可能会深入内部，引起腐烂。

【防治方法】在雨季来临前或发病初期，选用70%甲基托布津可湿性粉剂1 000倍液，或77%可杀得可湿性粉剂600倍液，或80%炭疽福美可湿性粉剂800倍液，或80%代森锰锌可湿性粉剂600倍液进行喷雾处理。上述药剂任选一种，交替使用，每隔10天喷1次，连续喷2 ~ 3次。

（9）黄矮病

【症状及危害】黄矮病毒病害。寄主范围限于葱属植物，病毒致死温度为60 ~ 65 ℃，在体外的存活期为2 ~ 3天。带毒葱属作物的幼苗或鳞茎是病毒来源，而种子本身不带毒。病毒可以通过蚜虫、叶蝉、飞虱等昆虫以非持久性方式，或以汁液摩擦接种传播。一般8月中上旬开始发病，10月上中旬达到发病高峰，11月初随着气温下降，发病症状减轻，进入隐症阶段。高温干旱、管理粗放、蚜虫量大、连作、地势低洼、氮肥过多等条件下，病情会加重。感病后叶片产生黄绿色斑驳，或呈长条黄斑，叶面皱缩、凹凸不平，叶管变形，叶尖逐渐黄化、下垂，新叶生长受抑制。植株矮小、丛生或萎缩，严重时整株死亡。

【防治方法】目前没有特效药剂防治病毒病，在发病初期及时喷83增抗剂100倍液，或20%病毒A可湿性粉剂500倍液。每隔10天喷1次，防治2 ~ 3次。

（10）黑粉病

【症状及危害】真菌病害。病菌以附着在病残体上或散落在土壤中的厚垣孢子越冬。种子和未充分腐熟的粪肥都可带菌。在种子发芽后20天内，病菌从子叶基部等处的幼嫩组织侵入，经过一段时间潜育即显病症，之后产生的厚垣孢子，借风雨或灌溉水传播蔓延。病菌孢子萌发、侵入需要较高的湿度，尤其是较高的土壤湿度，同时孢子萌发需要较低的温度，最适发病温度为 18 ~ 20 ℃，高于 29 ℃则不发病，当叶长到 10 ~ 20 厘米后，一般不再发病。主要危害处于 2 ~ 3 叶期幼苗的叶片和叶鞘。发病初期，叶片稍萎缩且微黄，局部扭曲，叶和叶鞘上产生稍隆起的银灰色条斑，破裂后散出黑色粉末。病株生长缓慢，如果发病早，可能会导致全株枯死。

【防治方法】播种前，用商品甲醛稀释 60 倍液喷洒苗床。定植时，可用 50% 福美双可湿性粉剂 1 千克加干细土 100 千克充分混匀后撒施于土壤，进行消毒处理，病穴可撒 1 ∶ 2 石灰硫黄混合粉消毒，每亩 10 千克。

(11) 洋葱黑曲霉病

【症状及危害】真菌病害。病菌以菌丝体在土壤中的病残体上越冬。翌年春天病菌会产生分生孢子借气流传播，从伤口或穿透表皮直接侵入。高温高湿条件易发病。只侵染贮藏期的鳞茎。在鳞茎表面产生褐色至黑色病斑，逐步扩展至 1 ~ 2 层鳞片，初呈褐色水渍状，后干燥，长出黑霉。

【防治方法】在田间生长期，用 75% 百菌清可湿性粉剂或 50% 多菌灵可湿性粉剂 1 千克，拌细土 50 千克，充分混匀后撒在洋葱的基部。收获后应及时晾晒洋葱。贮藏前严格挑选，剔除病、烂、破皮洋葱。

(12) 白腐病

【症状及危害】病原菌为半知菌亚门小核菌属白腐小核菌。病菌以菌核的形式随病残体在土壤中越夏过冬。菌丝和菌核均能随流水、土杂肥和附着在农具上而传播扩散。春秋两季形成子囊盘，产生子囊孢子，子囊孢子借气流弹射传播或直接产生菌丝侵染蔓延。病菌喜低温高湿环境，发育适温为 20 ~ 24 ℃，在日均温度 10 ~ 20 ℃的春秋季节，多雨、寡照且田间积水、质地黏重及透水性差的土壤、密度和氮肥施量过大等均发病重。植株外部叶先发病，初期叶尖出现褐色或黄褐色纵条斑，导致植株黄化，生长受抑制。随后，病斑向内叶及叶鞘蔓延，呈水渍状，假茎软腐，以致枯死，并在病斑上出现灰白色菌丝层和芝麻大小的黑色菌核。假茎受害轻或中后期发病的，蒜头小，不久变黑，腐烂或收获后变成酱油色干瓣。潮湿时，病斑上会长出菌丝层和菌核。

【防治方法】一是播种前用25%多菌灵可湿性粉剂或50%甲基托布津可湿性粉剂1千克或70%代森锰锌可湿性粉剂0.8千克拌种50千克。二是发病初期，用25%多菌灵可湿性粉剂250倍液，或40%乙磷铝可湿性粉剂300倍液，或75%百菌清可湿性粉剂500倍液，或50%速克灵可湿性粉剂1 000倍液进行喷雾处理，每隔7～10天喷1次，连续2～3次。

2. 虫害防治

（1）葱蓟马

【症状及危害】葱蓟马属缨翅目，蓟马科，俗称金帐子、小白虫等。可危害洋葱、大蒜、大葱、韭菜、棉花和烟草等作物。成虫和若虫均以锉吸式口器危害寄主的叶部和嫩芽的表皮，吸取汁液。叶部被害后会形成许多细密且长形的灰白色斑点。严重时葱叶扭曲枯黄。在采种田里种株抽薹后，葱蓟马能危害小花的花梗而影响结实。高温干旱的气候危害严重。葱蓟马在我国各地发生世代数差异很大。在华南地区一年发生20代以上，而在华北地区一年发生3～4代，华东地区6～10代。成虫寿命为8～10天。雌虫能进行孤雌生殖。以成虫越冬为主，也有若虫在葱、蒜叶鞘、土块下或枯枝落叶中越冬。但在华南地区无越冬现象。初孵若虫集中在叶基部危害，稍大即分散。成虫极活泼，善飞、怕阳光，早晚或阴天取食强烈。气温25 ℃、空气相对湿度60%以下时，有利于葱蓟马的发生。高温高湿均不利于其发育。温度超过 38 ℃，若虫不能存活，暴风雨后葱蓟马明显减少。

【防治方法】在若虫发生盛期，用 50% 乐果乳油 1 000 倍液，或 21% 灭杀毙乳油 6 000 倍液，或 25% 氟氯氰菊酯（保得）乳油 2 000 倍液，或 50% 辛硫磷乳油 1 000 倍液，或 10% 吡虫啉可湿性粉剂 2 500 倍液，或 5% 噻虫嗪水分散粒剂 1 000 倍液进行喷雾处理。上述药剂任选一种，交替使用。

（2）葱斑潜蝇

【症状及危害】葱斑潜蝇又叫葱潜叶蝇，属双翅目潜蝇科。主要危害洋葱、大葱、大蒜、韭菜和豌豆等蔬菜。葱斑潜蝇在我国北方地区一年发生 3 ~ 5 代，主要以蛹在被害叶内和土中越冬。北方 5 月上旬为成虫发生盛期。成虫多在傍晚活动，并将卵产在洋葱叶片组织内，产卵刻点呈纵向排列。经过 4 ~ 5 天后孵化，幼虫会在叶内潜食，老熟幼虫会在潜道一端化蛹，之后穿破表皮羽化。葱斑潜蝇主要以幼虫潜叶危害。幼虫在叶内潜食叶肉，在叶片可见迂回曲折的蛇形隧道。叶肉被害后，只剩上下两层白色透明的表皮。严重时，每片叶可遭到十几条幼虫潜食，叶片枯萎，影响光合作用和产量。

【防治方法】在成虫盛发期或幼虫危害初期，用 21% 灭杀毙乳油 6 000 倍液，或 2.5% 溴氰菊酯乳油 2 500 ~ 3 000 倍液，或 90% 晶体敌百虫 800 ~ 1 000 倍液，或 50% 敌敌畏乳油 1 000 倍液，或 1.8% 虫螨光水剂 2 000 倍液进行喷雾处理。上述药剂任选一种，交替使用，每隔 7 ~ 10 天喷 1 次，连续喷 2 ~ 3 次。

（3）葱地种蝇

【症状及危害】葱地种蝇属双翅目、花蝇科，俗名葱（蒜）蛆或根蛆等。可危害洋葱、葱、蒜和韭菜等百合科蔬菜。幼虫会蛀入葱、蒜等叶鞘基部或鳞茎内，引起腐烂或叶片枯萎。发病地块常出现缺苗断垄现象。葱地种蝇一般在春秋季危害较严重；地势低洼、排水不良的地块受害重；沙土地、重茬地受害重。

【防治方法】在成虫盛发期，用 21% 灭杀毙乳油 3 000 ～ 4 000 倍液，或 2.5% 溴氰菊酯乳油 3 000 倍液，或 40% 辛硫磷乳油 1 000 倍液进行喷雾处理。防治幼虫需用 90% 晶体敌百虫 1 000 倍液进行灌根处理。

（4）葱蚜

【症状及危害】葱蚜又叫台湾韭蚜、葱小瘤蚜，属同翅目蚜科。可危害洋葱、大蒜、大葱、韭菜等百合科蔬菜。以成虫、若虫群集在洋葱、葱叶片上或花内，吸取汁液。轻者使叶片变黑，植株衰弱；重者使叶片枯黄，植株矮小、萎缩，严重影响产品质量和产量。冬季可在贮藏的洋葱鳞茎内继续危害。在北方地区，以若蚜在贮藏的洋葱鳞茎上越冬。春秋季发生量大，危害重。成蚜和若蚜均有群集性，初期多集中在植株分蘖处，当虫量大时布满整株。此虫有假死性、趋嫩性、背光性，一般集中在叶背面。

【防治方法】可用 50% 抗蚜威可湿性粉剂 2 000 倍液，或 2.5% 溴氰菊酯乳油 5 000 倍液，或 10% 吡虫啉可湿性粉剂 2 500 倍液喷雾。上述药剂任选一种，交替使用。

（5）蝼蛄

【症状及危害】成虫、若虫均可危害土中的种子或咬断幼苗的根茎，造成缺苗断垄。蝼蛄在土表穿行，形成许多隧道，可造成幼苗根部与土壤分离干枯而死。成虫昼伏夜出，当气温达到 15 ～ 27 ℃时活动最盛。在 10 ～ 20 厘米土层中，土壤含水量在 20% 以上时活动最盛。如果含水量小于 15% 时，蝼蛄活动减弱。成虫有趋光性，对甜味物质和马粪亦有较强趋性。在潮湿的沙壤土上易发生，危害重。

【防治方法】施用充分腐熟的有机肥料，可减少蝼蛄产卵。做苗床前，每公顷以50%辛硫磷颗粒剂375千克用细土拌匀，撒于土表再翻入土内。用50%辛硫磷乳油0.3千克拌种100千克，可防治多种地下害虫，不影响发芽率。毒饵诱杀：用90%敌百虫原药1千克加饵料100千克，充分拌匀后撒于苗床上，可兼治蝼蛄和蛴螬及地老虎。灯光诱杀：一般在闷热天气，晚上8—10时用黑光灯诱杀。

（6）螨类

危害大蒜的主要有3种螨类，分别为根螨、腐嗜酪螨和瘿螨。

① 根螨：成螨及若螨蛀食大蒜植株的鳞茎，使鳞茎腐烂发臭，地上部枯萎死亡。贮藏蒜头被害时也会腐烂发臭或干燥成为空壳。

② 腐嗜酪螨：成螨及若螨危害蒜头时，初期蛀食蒜瓣表面，随后逐步蛀入蒜瓣内部，形成许多不规则的孔洞。被害蒜头在潮湿条件下腐烂，在干燥条件下则枯黄干瘪。在田间植株鳞茎基部受害后，则引起腐烂发臭，导致植株枯死。

③ 瘿螨：以成螨及若螨危害贮藏的蒜头，有时田间蒜头也会受危害。它们多从蒜头的茎盘边缘缝隙处入侵，在蒜瓣基部的肉质部刺吸汁液，以后逐渐转移到蒜瓣的尖端部进行危害，使蒜瓣逐渐萎蔫、变褐、干枯，最终蒜头成为空壳。在湿度高的条件下，被害蒜头的伤口还会感染许多病菌，使蒜头腐烂发臭。瘿螨还是病毒病的传播媒介，带毒量大，传毒快，毒期长，危害重，对大蒜的传毒率高达100%。凡被瘿螨危害过的大蒜，播种后长出的幼苗呈现多种病毒病症状，生长缓慢，不抽薹，不形成蒜头，或形成独头蒜。

蒜头贮藏期间如发现螨类危害时，可用硫黄粉熏蒸。每1立方米空间用硫黄粉100克，加入少量锯木屑，拌匀后装在容器中，放在蒜头贮藏室内，点燃后将门窗封闭，熏蒸24小时，杀螨效果达100%。但对卵无效，可待卵孵化后再熏蒸1次。在田间生长期间用80%敌敌畏乳油300～400倍液进行灌根处理。

（7）甜菜夜蛾

【症状及危害】甜菜夜蛾又叫贪夜蛾、白菜褐夜蛾，是多食性害虫，属鳞翅目夜蛾科。以幼虫危害叶片为主。初龄若虫钻入筒状叶内取食叶肉，只留下表皮。3龄幼虫将筒叶吃成缺刻，并排出大量虫粪，污染葱心，造成腐烂。4龄后食量增大，可将葱叶吃光，剩下葱白部分。苗期受害，可使大批幼苗死亡，造成缺苗断垄。危害留种葱时，可影响其结籽。甜菜夜蛾在我国各地发生世代数不同，在北方一年发生4～5代，南方如浙江金华地区一年发生6～7代。以蛹在土壤中越冬，但在亚热带和热带地区无越冬现象。甜菜夜蛾每年5—9月均可发生，以7—9月危害最重。

【防治方法】甜菜夜蛾卵孵化盛期，选用20亿个/毫升甘蓝夜蛾核型多角体病毒（PIB）悬浮剂750倍液，或80亿孢子/毫升金龟子绿僵菌可分散油悬浮剂750倍液，或100亿孢子/毫升短稳杆菌悬浮剂500～800倍液，或15%茚虫威悬浮剂1 500倍液，或苏云金杆菌1 600国际单位/毫克可湿性粉剂600倍液喷雾。

主要参考文献

[1] 山东农业大学. 蔬菜栽培学各论：北方本[M]. 第三版. 北京：中国农业出版社，1999.

[2] 劳秀荣. 无公害蔬菜施肥与用药指南[M]. 北京：中国农业出版社，2003.

[3] 赵丽芹. 园艺产品贮藏加工学[M]. 北京：中国轻工业出版社，2001.

[4] 王善广. 蒜薹蒜头及洋葱贮运保鲜实用技术[M]. 北京：中国农业出版社，2004.

[5] 李成佐. 洋葱栽培与育种[M]. 成都：电子科技大学出版社，2005.

[6] 安志信. 洋葱栽培技术[M]. 修订版. 北京：金盾出版社，2007.

[7] 孙中伟，朱艳龙，吕晨晨. 黄淮海地区洋葱育苗技术[J]. 长江蔬菜，2022（13）：22-23.

[8] 陆帼一，樊治成，杜慧芳. 不同生态型大蒜品种生态特性研究——Ⅲ. 温度和光周期对大蒜抽薹的影响[C]//中国园艺学会成立70周年纪念优秀论文选编. 1999：383-387.

[9] 李梅，张杏芝，李秋杰. 播前低温处理对大蒜出苗、抽薹和二次生长发生率的影响[J]. 湖北农学院学报，2000，20（2）：144-146.

[10] 刘文英，孙西山. 苍山大蒜的生育特点和高产栽培[J]. 山东农业科学，1984（01）：17-22.

[11] 韩宇. 鲁西南地区影响大蒜二次生长率的因素分析[J]. 上海

蔬菜，2022（2）：45-47.

[12] 陆帼一，樊治成，杜慧芳. 大蒜品种生态型与引种的关系[J]. 西北农林科技大学学报(自然科学版)，2001，29（4）：55-58.

[13] 刘少军. 蒜薹高产栽培技术[J]. 蔬菜，2002（7）：8.

[14] 尚庆茂，张伟丽. 葱蒜类蔬菜集约化育苗技术规程[J]. 中国蔬菜, 2022(10): 109-114.

[15] 杨宇博. A级绿色食品大葱栽培[J]. 黑龙江农业科学，2003（5）：50.

[16] 姜阳. 大葱贮藏六法[J]. 安徽农业，2003（1）：36 .

[17] 隗苗苗，崔波，孙洪波，等. 大葱油的提取工艺及测定方法的研究进展[J]. 山东轻工业学院学报(自然科学版), 2010, 24（3）: 1-3.

[18] 贾俊香，杨国栋，李娜，等. 大葱栽培模式及高产栽培技术[J]. 北方园艺, 2022（17）: 154-158.

[19] 王后新，吴彦强，李天华，等. 我国大葱收获机械及关键技术研究现状[J]. 中国农机化学报，2018，39（8）: 67-71.

[20] 陈云华，韩振亚，孔令军，等. 四季薹韭提前产薹及高产栽培技术[J]. 长江蔬菜，2003（2）：18.

[21] 韩振亚，孔令军，陈云华，等. 徐州四季薹韭及其高产栽培技术[J]. 蔬菜，2002（7）：1.

[22] 尹敬学，江育民. 薹韭无公害栽培技术[J]. 现代农业科技, 2016（6）: 71+73.

[23] 龙雯虹，孟金贵. 韭葱高产栽培技术[J]. 长江蔬菜，2003（6）：19.

[24] 王利荣，邓亚利，彭小红. 韭葱高效栽培技术[J]. 西北园艺(蔬菜), 2015（03）: 16-17.

[25] 姜发. 贵阳地区藠头丰产栽培技术[J]. 长江蔬菜，2001（8）.

[26] 袁祖华，彭莹. 长江流域藠头高产栽培技术[J]. 长江蔬菜，2015（13）：39-41.

[27] 张国洪. 荞头的栽培与加工[J]. 上海蔬菜，2003（4）：11-12.